爱上科学

神奇的电

廖明明／编

中国华侨出版社
北京

图书在版编目（CIP）数据

神奇的电 / 廖明明编. — 北京：中国华侨出版社, 2012.8（2021.8重印）

（爱上科学一定要知道的科普经典）

ISBN 978-7-5113-2833-5

Ⅰ.①神… Ⅱ.①廖… Ⅲ.①电学—青年读物②电学—少年读物 Ⅳ.①O441.1-49

中国版本图书馆CIP数据核字（2012）第198416号

爱上科学一定要知道的科普经典·神奇的电

编　　者：廖明明

责任编辑：刘雪涛

封面设计：阳春白雪

文字编辑：肖　瑶

插图绘制：张林媛

美术编辑：宇　枫

经　　销：新华书店

开　　本：710mm×1000mm　1/16　印张：10　字数：120千字

印　　刷：唐山楠萍印务有限公司

版　　次：2012年10月第1版　2021年8月第3次印刷

书　　号：ISBN 978-7-5113-2833-5

定　　价：38.00 元

中国华侨出版社　北京市朝阳区西坝河东里77号楼底商5号　　邮编：100028

法律顾问：陈鹰律师事务所

发 行 部：（010）88866079　　　　　传　真：（010）88877396

网　　址：www.oveaschin.com　　　　E-mail：oveaschin@sina.com

如发现印装质量问题，影响阅读，请与印刷厂联系调换。

NP

一起快乐学科学

科学改变着世界，也改变着人们的生活。现代科学技术的突飞猛进，要求每个人都必须具备科学素质，而科学素质的培养最好能从小抓起。为从小培养青少年的科学精神和创新意识，教育部已将科学确定为小学阶段的基础性课程，科学知识正助梦着青少年的成长成才。学习科学，能激发青少年大胆想象、尊重证据、敢于创新的科学态度。未来是科学的世界，学科学是青少年适应未来的生存需要，更是推动社会前行的现实需要。然而面对林林总总的科学现象和话题，如何以喜闻乐见的方式让青少年获得科学解答，如何让他们在课外获取更多的科学知识，如何让他们在轻松的阅读中爱上科学，基于此，我们精心编撰了《爱上科学，一定要知道的科普经典》系列丛书，以此展现给青少年读者一个神奇而斑斓的科学世界。

科学存在于我们的身边，大自然的各种现象、生活中的各种事物，处处隐藏着科学知识。你为什么单手握不碎鸡蛋、烧水壶里的水垢是哪来的、书本的纸为什么会发黄、烟花的五颜六色是怎么回事……这些看似极普通的生活现象，都蕴涵着无穷无尽的科学奥秘。《爱上科学，一定要

知道的科普经典》系列丛书，涵盖自然界和生活中的各类科学现象，对各种科学问题进行完美解答。在这里，不仅有《超能的力》《神秘的光》《神奇的电》，还有《能量帝国》《课堂上学不到的化学》等诸多科学知识读物，真正是广大青少年探索科学奥秘的知识宝库。

本系列丛书，始终以青少年快乐学习科学为指引。书中话题经典有趣，紧贴生活与自然，抓住青少年最感兴趣的内容，由现象到本质、由浅入深地讲述科学。众多有趣的实验、游戏和故事，契合青少年的快乐心理，使科学知识变得趣味盎然。通俗易懂、生动活泼的语言风格，使科学知识解答更生动，完全没有一般科学读物的晦涩枯燥。精美的插图，或展现某种现象，或解释某种原理，图片与文字相得益彰，为青少年营造了图文并茂的阅读空间。再加上多角度全方位的人性化设计，使本书成为青少年读者轻松学科学的实用版本。

走进《爱上科学，一定要知道的科普经典》，让我们在探索科学奥秘中学习知识，在领略科学魅力中收获成长。一起快乐学科学，一起开启精彩纷呈、无限神奇的科学之旅。

目录

MU LU

AISHANG KEXUE YIDING YAO
ZHIDAO DE KEPU JINGDIAN

SHENQI DE DIAN
神奇的电
一定要知道的科普经典

爱上科学

爱上科学

SHENQI DE DIAN
神奇的电
一定要知道的科普经典

AISHANG KEXUE YIDING YAO
ZHIDAO DE KEPU JINGDIAN

AISHANG KEXUE YIDING YAO
ZHEDAO DE KEPU JINGDIAN

SHENQI DE DIAN
神奇的电

爱上科学

一定要知道的科普经典

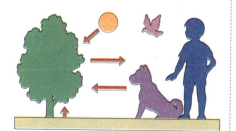

爱上科学

SHENQI DE DIAN
神奇的电
一定要知道的科普经典

AISHANG KEXUE YIDING YAO
ZHIDAO DE KEPU JINGDIAN

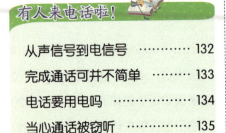

雷电的秘密

> 一道道银白的亮光在夜空中闪烁，就像节日里璀璨的烟花。不过，你可别真当它们是烟花，它们可没烟花那么招人喜爱，因为它们是——可怕的闪电！

闪电我们可见得多了，从小时候刚牙牙学语起，我们就常躺在妈妈的怀里，一边好奇地看着窗外的电光，一边不解地问妈妈。那时候，妈妈或许会说：那是雷公电母发怒了。其实，那只是妈妈的一个善意的谎言。真实的世界里是没有雷公和电母的，天空之所以会出现闪电，那是因为有雷雨云。

始作俑者—雷雨云

雷雨云是如何制造雷电的呢？

我们可以先想象一下我们的天空，它就像一个硕大的舞台，上面有许许多多的表演者，其中就有云。在云的家族中，有一个脾气暴躁的家伙，它是雷雨云。正是这个雷雨云制造了可怕的雷电天气。那么，雷雨云具体是怎样做的呢？

原来，雷雨云里面有一大团翻腾波动的水、冰晶和空气，这些水、冰晶和空气中都含有水分子。当水分子因气流的作用而相互摩擦时，会产生两种静电：带有正电荷粒子的正电和带有负电荷粒子的负电。正电荷在云的上端，负电荷在云的下端。因为电荷具有同种电荷相互排斥、异种电荷相互吸引的特性，所以云层下端的负电荷会将地面上的负电荷排开，从而使地面只留下正电荷。当雷雨云里的负电荷和地面上的正电荷变得足够强时，两种电荷会冲破空气的阻碍而相互接触（异种电荷相互吸引），从而引发中和放电现象，最终也就形成了雷电。

雷电除了可在雷雨云与大地间形成之外，也可在两片雷雨云之间形成，它们的形成原理相同。通常人们把在雷雨云与大地间形成的雷电叫作"落地雷"，而在两片雷雨云之间形成的雷电则叫"云间雷"。

总是先看到闪电，后听到雷声

坐在远离比赛场地的观众席上观看飞碟射击比赛，观众总是先看到运动员手中射击枪喷出的微弱星光，然后才听到"砰"的一声。雷电也有一个类似的特点：总是先看到闪电，后听到雷声。

为什么会这样呢？原来，闪电属于大气放电现象，而打雷则属于空气振动引发的声学现象。闪电和打雷是同时发生的，但由于光在空气中的传播速度是 30 万千米 / 秒，而声音的速度只有 340 米 / 秒，光的速度是声的速度的 88 万倍，快得太多了！所以我们总是先看到闪电，后听到雷声。

不过，有时由于放电云层离我们太远，或者由于发出的声音不够响，致使声音在传播的过程中能量损失越来越大，故而有时我们虽然也能看见闪电，却听不到雷声。

异常闷热是雷雨的前兆

炎热的夏季午后，有时我们会突然觉得天气变得异样闷热潮湿，如果真是这样，那么这时我们要警惕了，因为可能马上就要下雷阵雨了。

是这样的，天气异常闷热是雷雨的前兆。因为雷雨的形成要有两个条件：一是大气的湿度要大，二是地面的温度要高。地面上温度高了，靠近地面的空气温度才能升得很高，才能形成上升的气流。但是光有这些是不够的，空气还必须是潮湿的，因为只有潮湿的空气上升到了高空，才会形成雷雨云。天空有了雷雨云，雷雨就有可能出现了。

　　具体到夏季来说，由于午后地面温度很高，空气很热，如果此时地面水分充足，那么水分就会源源不断地变成水蒸气，散发到空中。一方面有很高的地面温度，另一方面有很湿的大气（水蒸气），两个条件都满足了，雷雨也就容易形成了。所以，夏季午后多雷阵雨。

爱上科学
SHENQI DE DIAN
神奇的电
一定要知道的科普经典
AISHANG KEXUE YIDING YAO
ZHIDAO DE KEPU JINGDIAN

打雷了，快躲避！

天上已经下起了雨，而且远处已经开始传出阵阵雷声，而陈明仍在屋外边玩得不亦乐乎。这让爸爸很恼火，他扯着他那破锣似的嗓子大声地嚷道："还不快进来，你想遭雷劈啊！"

在自然界中，雷电是威胁我们生命安全的一大杀手，稍不小心，我们就有可能因雷击而伤亡。可能你并不知道，在我们生活的这个地球上，平均每秒钟就有 100 多次雷电，而每年因雷击而死亡的人数在 1000 人以上；至于受伤的，那更是不计其数。雷电已经成为我们生活中的一大隐患。

喜欢袭击"高个子"

我们知道，自然界中有着弱肉强食的法则，通常都是大型动物袭击小型动物。与此类似，雷电也有自己的偏好，不过它不喜欢欺负弱小，而是特别喜欢袭击"高个子"。这是什么原因呢？

原来，电荷有一个奇怪的特点——喜欢跑到物体尖端凸出的地方去。所以当雷雨天气来临时，像大树、高塔、屋顶一类孤立高耸的地方往往聚集着大量的正电荷。当这些正电荷足够强大时，很容易把雷雨云中的负电荷吸引过来，从而产生放电现象。

爱上科学

SHENQI DE DIAN
神奇的电

一定要知道的科普经典

AISHANG KEXUE YIDING YAO
ZHIDAO DE KEPU JINGDIAN

因此，为了避免雷击，在打雷时，一定要避开高耸物体，也不要在山顶上避雨，最好找低洼安全的地方歇息，有可能的话暂时不要活动。

对湿润物体也很感兴趣

美国人苏利文可以说是这个世界上与雷电进行"亲密接触"最多的一个人了，但他很幸运，每一次接触后都能幸免于难。苏利文一生被雷击过 7 次：第一次是在 1942 年，当时他失去了大趾甲；过了 27 年，他再一次遭到雷击，这一次仅仅烧掉了眉毛；第三次是 1970 年，他的左肩被雷电烧焦；1972 年，他第四次遭到雷击，又大难不死；事隔一年，他第五次遭受雷击，这一次连头发都烧掉了，并且被甩出汽车外 3 米多远，但仍然没有死；1976 年，他第六次遭受雷击，膝盖被烧伤；1977 年，他的胸部再次被雷电烧了一下，但仍然活了下来。

雷电为什么喜欢袭击苏利文？它袭击物体，除了有"身高"上的偏好外，难道还有其他的"偏好"吗？另外，为什么苏利文屡遭雷击却仍然不死呢？

对于前两个问题，科学家给出的答案是：雷电除了喜欢袭击高大的物体外，对湿润的物体也很"感兴趣"。苏利文就是一个"湿润物体"。因为据介绍，与普通人相比，苏利文的皮肤要湿润得多，一点也不干燥，这使得他成为了一个导电性能良好的导体，所以比别人更容易成为雷电袭击的目标。当然，苏利文的多次受袭，还有偶然的原因。

至于苏利文为什么屡遭雷击却仍然不死，那是因为他足够走运，每一次都侥幸地躲过了雷电的致命袭击，仅仅是让雷电伤及皮肤。

雷暴，高度警惕！

雷电现象中有一种比较极端的状况，那就是雷暴。一般来说，在多数情况下，雷电是相对较"温柔"的，并不会发生得过于猛烈。有些时候却也例外，它会发生得异常猛烈，就像暴躁愤怒的野兽一样。当雷电现象猛烈发生、闪电的数目在狭小的区域内达到 3 条或以上时，那就可以说是发生雷暴了。

雷暴是大气不稳定状态下的产物，它的持续时间一般不太长，单个雷暴的持续时间一般不超过 2 个小时。雷暴必定产生在强烈的积雨云中，因此又时常伴有强烈的阵雨或暴雨，有时甚至伴有冰雹和龙卷风。

雷暴的危害性极大，它会直接袭击生命体，给生命体带来毁灭性的灾难。雷暴也会袭击正在空中飞行的飞机，制造可怕的灾难。1958 年 8 月，我国一架民航客机因误在雷暴天气中飞行而失事，机上所有人员死亡。1977 年，美国和日本的一架客机也因误在雷暴天气中飞行而造成重大空难事故。同时，雷暴还是轨道交通的大敌。此外，家用电器、高大建筑物也是雷暴袭击的主要对象。

正是因为雷暴具有完全毁灭性的杀伤力，所以，当雷暴现象发生时，我们一定要高度警惕，绝不可心存侥幸地到有可能遭受雷击的地方活动。

雷电还有多少秘密

上了年纪的老人们总说，闪电是神秘的，它的身上隐藏着许多很难让人揭穿的秘密。可是，求知欲望强烈的孩子对它充满兴趣。于是，在电闪雷鸣的日子里，屋子里多了许多抬眼凝思的孩子的身影。

闪电是雷雨云放电的结果。当雷雨云中的电荷不断聚集时，它即与另一带异性电荷的雷雨云或大地之间形成一个不断增长的电场，当这个电场强度达到一程度时，就发生放电了。

轨迹总是弯弯曲曲的

宁静的夜晚，一道道煞白的电光亮起，非常地吓人。细心的你或许早已经注意到了：尽管闪电的数目可多可少，但其轨迹总是弯弯曲曲的。这是怎么回事呢？

原来，每当暴风雨来临时，雨点就能获得额外的电子。电子是带负电的，这些电子会追寻地面上的正电荷。额外的电子流出云层后，要碰撞别的电子，使别的电子也变成游离电子，因而产生了传导性轨迹。传导性轨迹会在空气中散布着的不规则形状的带电离子群中间跳跃着迂回延伸，而一般不是直线。所以，闪电的轨迹总是弯弯曲曲的。

SHENQI DE DIAN
神奇的电
一定要知道的科普经典
AISHANG KEXUE YIDING YAO
ZHIDAO DE KEPU JINGDIAN
爱上科学

雷击东屋，人死西屋

1989 年 9 月的某天傍晚，中国河北省保定市西郊的上空乌云密布，闪电不时划破长空，大雨如注。突然，在一阵隆隆的雷鸣声中，一个巨大的闪电落在一家农户的东屋房顶。之后，不幸的事情便发生了：一名妇女被击倒在西屋中。

雷电击人致死已经不是什么新鲜事了，可是这件事奇就奇在：为什么雷电落在东屋，而妇女却在西屋被击倒呢？

后来，专家们在考察了该农妇的房屋之后，找到了答案。原来，雷电具有尖端放电的特性，它常常袭击高出地面的建筑物、树木或人畜。实地了解，该农妇的住宅为一幢坐北朝南的房屋，四间房分列东西两门户，房屋四周没有较高的建筑，也无高大树木。房屋是用钢筋水泥构件浇铸，其中一根大梁横贯四间房屋。这样的房屋结构为雷电袭击提供了条件。当雷电击中了东屋的钢筋水泥大梁，由于被击物要在瞬间将雷电导入地下，因此要承受很高的电压，一般可达数万伏特（电压单位）至数十万伏特。正是因为大梁在雷击瞬间的电压极高，所以，如果此时有人、畜去接触或接近它，大梁一定会对其产生如同雷电的闪击，这叫作"二次闪击"。

在西屋受害的农妇正是在大梁遭遇雷击的时候，用手去摘取西屋里用铁丝挂在此大梁上的食品篮子（相当于直接接触了大梁），结果被二次闪击致死。

为何春天多雷电

中国的很多农村都有这样的说法：春天多雷，土地变肥。

为什么春天雷电会比较多呢？为什么雷电又与土地的肥沃有关系呢？

原来，每年春天，尤其在惊蛰以后，明显增强的暖湿空气与冬季残

存下来的冷空气激烈对峙，由此引发了强烈的空气垂直对流运动，进而产生潮湿暖空气。从前面我们已经知道，当天空中有足够潮湿的暖空气时，雷雨云就容易形成了，雷电现象也就容易发生了。

那么，为什么雷电会使土地变得肥沃呢？原来，在雷电的作用下，大气发生了激烈的化学反应，生成了一种叫硝酸的物质。硝酸随雨水进入地面后会生成硝酸钙。硝酸钙中除含有植物必需的氮素外，其钙素还有助于植物对磷的吸收，可减少钾肥在土壤中溶解损失，改善土壤结构——这等于向土壤中播撒了化肥。所以说，多雷电会使土地变得肥沃。

捉雷电的怪人

春天来了，爸爸带着刘川到郊外去放风筝。看着天空中迎风飘扬的风筝，刘川突然问爸爸："爸爸，富兰克林真的用风筝捕捉到了雷电吗？"爸爸微笑着点了点头。

富兰克林是 18 世纪美国著名的科学家，他可以称得上一个多才多艺的怪人，经常做一些令人意想不到的事情，比如捕捉雷电，这可是他冒着生命危险完成的一次实验。

风筝与莱顿瓶的尝试

富兰克林为什么要捕捉雷电呢？他又是如何捕捉成功的呢？

这还要从富兰克林所处的年代说起。在富兰克林生活的 18 世纪，人们已经了解了电的一些基本知识，并且通过实验已经得到了一些电。但是，对于自然界的雷电，人们仍然知之甚少，甚至仍然有很多人认为雷电是神灵在作怪。

富兰克林通过仔细研究，推定雷电也是一种放电现象，它和在实验室产生的静电在本质上是一致的。富兰克林将自己的推断写成一篇论文，送到当时的英国皇家学会去讨论，结果却受到了权威们的嘲讽。富兰克林并不气馁，为了证明自己的推断，他决定用风筝做一个捕捉雷电

的实验。

1752年夏季的一天，天空乌云密布，电闪雷鸣，富兰克林和儿子威廉将一只用大丝绸做成、风筝骨架上装有金属丝的风筝放到了天空中。很快，富兰克林就注意到牵引风筝的线绳开始分裂——这说明有电荷产生。于是他在牵引线上挂了把铜钥匙，摩擦指关节后与铜钥匙接触，结果被狠狠地电了一下。富兰克林丝毫不畏惧，继续将铜钥匙连接到专门用来储存电荷的莱顿瓶上，然后拿金属棒去接触莱顿瓶，结果——他期待已久电火花出现了！

这证明他以前的判断是正确的——雷电实际上就是一种静电，它与实验室获得的电其实是一致的！

铁针避雷

成功捕捉雷电之后，富兰克林发明了避雷针。不过，在讲解避雷针的原理之前，我们不妨先做这么一个小实验：

拿一块绒布在一张塑料唱片上慢慢摩擦。

将唱片放置在一根铁锤的上方。这时，唱片会被铁锤吸引，同时放出微弱的电火花。

取下唱片，然后将一根细铁针竖在铁锤上，最后把唱片放回铁锤的上方。这时，电火花现象不见了。

避雷针就是根据这个原理制造的。具体来说，带电的唱片就相当于雷电，放置在地面上的铁锤就相当于建筑物，而细铁针则相当于避雷针。当因摩擦绒布而带上负电荷的唱片（雷电）置放（作用）在铁锤（建筑物）的上方的时候，由于静电感应，铁锤上聚集起相当数量的正电荷。当两种电荷足够强大时，就会产生剧烈放电现象，从而迸发出火花。而当铁锤上竖起尖针时，因锤上聚集的正电荷可以通过针的尖端放电，跑到空中去与唱片上带的负电荷中和，从而使得电场强度可不像直接接触那么

强大，因而最终可使电火花现象得以避免。

 尖头比圆头管用

关于避雷针，还有一个很有意思的"圆头尖头"之争。

1772 年，英国成立了讨论火药库免遭雷击的对策委员会，制造出尖头避雷针的富兰克林也是其中的一名委员。在讨论中，委员们对避雷针顶端是采用尖头还是圆头这一问题产生了分歧。有人想当然地认为圆头避雷针好，却遭到富兰克林的驳斥。最终，富兰克林说服众委员，采纳了尖头避雷针。

然而，1776 年美国独立战争爆发，富兰克林因积极参加独立运动而

成为英国人的死敌。愤怒的英国国王下令将宫殿和弹药仓库的尖头避雷针砸掉，一律换成圆头的，并且召见皇家学会会长约翰·普林格尔，要求他公开宣布圆头避雷针比尖头的更安全。

但是正直的普林格尔不为强权屈服，他对英国国王说："陛下，许多事情都可以按您的愿望去办，但是不能做违背自然规律的事情呀！"

为什么富兰克林和普林格尔坚持要用尖头避雷针呢？尖头避雷针有什么好处呢？

原来，电荷在导体表面上的分布和导体的形状有关。在表面弯曲最厉害的地方，比如在凸出的尖端处，电荷比较密集，附近空间的电场比较强；在表面弯曲程度比较小的地方，比如在圆滑处，电荷比较稀疏，附近空间的电场也比较弱。尖端附近的空间，由于电场比较强，所以原来不导电的空气被电离。空气被电离后具有导电性，这就使导体产生放电现象，这就是所谓的尖端放电。

假如在建筑物的最高处安装一个尖头的金属棒，顶端高出建筑物，再通过导线把棒和埋在地下较深处的金属板连起来，组成避雷针，那么当建筑物上空出现带电雷雨云的时候，避雷针的尖端就会产生尖端放电，避免了云和建筑物之间强烈的火花放电现象发生。如果避雷针的顶端是圆形的，静电感应以后，就不会发生尖端放电，云块和建筑物之间就有可能产生强烈的火花放电，建筑物就有可能因遭受雷击而损毁。所以，尖头比圆头更避雷。

摩擦一下，电就来了

"哇，太神奇了，橡皮擦又不是磁铁，怎么能够把纸片吸起来呢？"同学们看着老师手中的橡皮擦，发出了一阵惊叹。老师笑了笑说："这是因为橡皮擦跟毛皮摩擦后带了电啊。"

类似引文中的情景你是不是也曾经历过呢？其实，这只是日常生活中的一个小实验，它叫作摩擦起电。摩擦起电是物体相互摩擦后能带上电的现象，它普遍存在于自然界中。因摩擦而产生的电叫作静电。任何两种物体相互摩擦后，都可以产生静电。

真有趣，静电就在咱身边

静电我们一点都不陌生，早在古时候，人们就通过琥珀认识了静电。

琥珀是一种由碳、氢、氧化合而成的有机物，呈蜡黄色或红褐色，常发现于煤层之中。它光泽透明，像岩石一样坚硬，早先是作为名贵装饰品被贵族们使用的。相传早在公元前7世纪的古希腊时期，希腊先哲泰勒斯就已经发现了琥珀带电现象。那时，泰勒斯为了使一块琥珀更加明亮，用衣袖对它进行摩擦。结果发现，摩擦后的琥珀竟然可以吸引小块的布片和干枯的树叶。从那以后，琥珀便成为人们研究静电现象的常

SHENQI DE DIAN
神奇的电
AISHANG KEXUE YIDING YAO
ZHIDAO DE KEPU JINGDIAN
一定要知道的科普经典
爱上科学

用道具。

其实，不仅仅琥珀能够轻易实现带电，我们身边的很多物体都能够轻易实现带电，比如说玻璃、圆珠笔、干木棍等。你若是不信，可以做一做下面这个有趣的实验：

把一根干燥的细长圆木棍搁在椅背上，使它处于平衡状态。然后拿一张干燥的报纸平铺在门板上，用干燥的刷子在报纸上来回地刷。刷了一阵子之后，报纸就因带了电而像刷了浆糊一样地贴在门板上了。然后，你再将报纸揭下来，将它挨近木棍。这时，报纸再次因带电而神奇地把木棍吸了过来。

都是电子捣的鬼

摩擦起电的现象人们早就认识到了，可是对于其中隐藏的秘密，人们一直不甚了解。直到 19 世纪，科学家将探索的触角触及到了物质的微观世界，这一秘密才被彻底破解。

原来，我们所看到的物体，其内部还有一个丰富多彩的世界。这个世界是由我们肉眼看不到的各种粒子组成的，它们是原子、原子核、电子等。其中原子是最基本的组成单位，每一个物体都由原子组成。但是原子并非最小，它里面还包含带正电荷的原子核和带负电荷的电子。原子核在中央，电子在外层。

一般情况下，原子核和电子的正负电量是相等的，因此原子在整体上并不显电性，由原子组成的物体也不显电性。但是电子很不稳定，它就像调皮捣蛋的顽童，时刻准备冲出原子家庭的大门。

当原子外部出现像摩擦这样的作用力时，电子的这一愿望就实现了——它挣脱原子核的束缚，逃离到原子外边去，最终为其他物体所捕获，从而使得失去电子的原子带上了正电，而得到电子的原子则带上了负电。所以，从这个意义上来说，物体之所以摩擦起电，全是因为电子在捣鬼！

摩擦了就起电

一手拿着金属棒，一手拿着丝绸。先用丝绸在金属棒上摩擦几下，然后用金属棒去吸桌上的碎纸片，结果却发现纸片纹丝不动。

"这是怎么回事！"或许这时你会惊奇了，"不是说摩擦可以起电吗？怎么我这金属棒里没有电呢？"

其实，金属棒确实已产生了静电，之所以用它不能吸起碎纸片，是因为人体将金属棒中的电传到地下了。我们知道，金属、人体、大地都是导体，都能够传递电荷。当金属棒跟丝绸摩擦之后，它带的电还没来得及保存，就已经通过人体传递到地下了，所以，这时再去吸引纸片自然不能吸起。如果我们在握住金属棒的手上戴一只干燥的橡皮手套，再重做一遍这个实验，那么这时你一定能够成功吸起碎纸片，因为橡皮手套是绝缘体，它不会将电荷传递到大地中。

所以，任何两个物体只要相互摩擦，其中就必定有一个失去一些电子，另一个得到额外的电子。只要这些电子没有被传递到其他地方去，物体就一定带电。

可以生产静电了

1672年，德国著名物理学家盖利克制作了一个奇怪的装置：他将一个用硫黄制成的、形如地球仪的可转动球体安装在一个轴上，然后用干燥的手掌摩擦转动球体。结果，产生了一个非常明显的静电现象，比传统摩擦起电要明显得多。

这是人类制造的第一台静电起电机，它的出现意味着人类已经可以有规模地"生产"静电了，而不用再像以前简单摩擦那样"小打小闹"了。

静电起电机也简称起电机，它包括摩擦起电机和感应起电机两种。两种起电机结构不同，但原理相似，都是通过摩擦或感应的手法，迫使

SHENQI DE DIAN
神奇的电
AISHANG KEXUE YIDING YAO
ZHIDAO DE KEPU JINGDIAN
一定要知道的科普经典
爱上科学

带电体得到大量电荷。

　　起电机在实验上有非常神奇的应用。1743 年，德国电学家豪森利用玻璃球起电机做了一个非常有趣的"人体链"实验。在该实验中，一个男孩被丝绳悬吊起来，双脚触着旋转的玻璃球，手拉着一位小女孩。当玻璃球旋转时，摩擦产生的电通过小男孩一直传递到小女孩的身上。顿时，这一对孩子的脸上和手上都闪烁着美丽的电火花，犹如天国来的小天使一般。带了电的小女孩还把放在桌上的谷子和糠屑都吸引起来，非常壮观！

SHENQI DE DIAN
神奇的电
AISHANG KEXUE YIDING YAO
ZHIDAO DE KEPU JINGDIAN
爱上科学
一定要知道的科普经典

神奇的电荷

> 　　大人们在工作的时候都会开玩笑地说：男女搭配，干活不累！其背后的潜台词就是：异性相吸，同性相斥。其实，在电荷的世界里也存在类似的情形。

　　电荷是电世界中最基本的物质，因为有电荷，这才有了各种各样的电现象。电荷有两种，一种是正电荷，简称正电；一种是负电荷，简称负电。物理学上规定：和用丝绸摩擦过的玻璃棒所带的电相同的电荷是正电荷，和用毛皮摩擦过的橡胶棒所带的电相同的电荷是负电荷。

电荷也会"隔山打牛"

　　就像牛顿万有引力提到的那样，宇宙间的所有物质之间都存在相互作用力。电荷也是一种客观物质，所以它们之间也有作用力。电荷间的这种作用力叫作库仑力，是为纪念法国物理学家库仑而命名的。

　　那么，库仑力是怎样产生的的？它的本质是什么呢？我们可以举一个有趣的例子来说明。

　　在中国的武侠小说里，经常会提到这么一种神奇的本事：隔山打牛。所谓"隔山打牛"，就是一个人可以不直接接触另一个人，就把力发到对方身上。其实电荷身上就有这种"隔山打牛"的本事——电荷间可以不用直接接触，就能将力作用到彼此身上。之所以能做到这一点，是因为电荷存在一种神秘物质。这种神秘物质，科学家最初也搞不清楚，但随着后来"场"概念的提出，科学家最终认定它是电场。

电场是一种特殊的物质。只要有电荷，它的周围就必定存在着电场。电场能对处于其中的电荷产生一种作用力，这种作用力就叫电场力。所以，电荷之所以能相互作用，归根到底是因为有电场力的存在。

1785年，法国物理学家库仑利用库仑扭秤测出静电场中电场力的大小，并从中总结出两个点电荷之间的相互作用定律。为了纪念库仑，后来人们就把电荷间的这种电场力称为库仑力。

异性相吸，同性相斥

将半张干燥的报纸剪成十几个窄条，每条都不剪到头，使它们的上部仍旧连着。接着把剪过的报纸铺在门板上，用一只手按住上部，另一只手在纸条上来回地刷一阵子。然后取下报纸，用手捏住报纸上部，围成圆圈。这时，这些纸条不是竖直下垂，而是向四周散开，好像一条张开的"裙子"。假如你用一根带负电的橡胶棒从下面伸进"纸裙"，这时"纸裙"张得更开了；而假如你用一根带正电的玻璃棒从下面伸进"纸裙"，那么还没等你完全伸进去，纸条就已经快速聚拢到玻璃棒上了。

这就是电荷的神奇作用力，在这里它体现的是它的另一种神奇特性：同种电荷相互排斥，异种电荷相互吸引。因为，在上例中，经过摩擦的纸条是带负电的，所以在围成一圈后，各窄条因同性相斥而张成"裙子"。当用带负电的橡胶棒靠近时，"裙子"再一次因同性相斥而张开。而当用带正电的玻璃棒靠近时，"裙子"就因异性相吸而收拢了。

实验证明，所有带同种电荷的物体都相互排斥，而所有带异种电荷的物体都相互吸引。

爱上科学

SHENQI DE DIAN
神奇的电

AISHANG KEXUE YIDING YAO
ZHIDAO DE KEPU JINGDIAN

一定要知道的科普经典

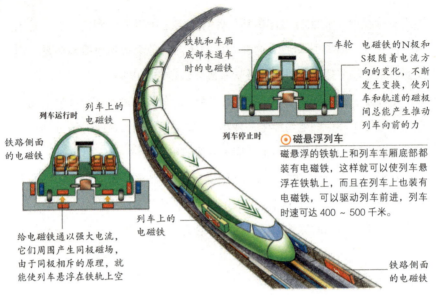

铁轨和车厢底部未通车时的电磁铁

车轮

列车运行时

列车上的电磁铁

铁路侧面的电磁铁

列车停止时

电磁铁的N极和S极随着电流方向的变化，不断发生变换，使列车和轨道的磁极间总能产生推动列车向前的力

给电磁铁通以强大电流，它们周围产生同极磁场，由于同极相斥的原理，就能使列车悬浮在铁轨上空

列车上的电磁铁

◎ 磁悬浮列车

磁悬浮的铁轨上和列车车厢底部都装有电磁铁，这样就可以使列车悬浮在铁轨上，而且在列车上也装有电磁铁，可以驱动列车前进，列车时速可达 400～500 千米。

铁路侧面的电磁铁

不能像造面包一样造出电荷

电荷具有这样神奇的特性，它能不能人为制造出来呢，就像制造面包一样？

答案是不能。

美国科学家富兰克林早就思考到电荷的问题了。他利用莱顿瓶做了大量的静电方面的实验。他发现，两个带有不同性质电荷的带电体，相互接触后可以呈现中性。根据电荷的这种相消性，他推出如下结论：一，正电和负电，在本质上不应有什么差异；二，摩擦起电过程中，总是形成等量的异种电荷；三，摩擦起电过程中，一方失去的电荷与另一方得到的电荷在数量上是相等的。

后来，富兰克林又在大量实验的基础上总结出一个普遍原理：电荷既不能凭空消失，也不能凭空创造；物体之所以带电，不是因为摩擦创造出电荷，而是因为电荷从某一个带电体转移到另外一个带电体；在电荷转移的过程中，电荷的总量是不变的。

AISHANG KEXUE YIDING YAO
ZHIDAO DE KEPU JINGDIAN

SHENQI DE DIAN
神奇的电

爱上科学

一定要知道的科普经典

静电也会做好事

星期天，妈妈像往常一样打扫屋子。眼尖的赵桐一眼就看到妈妈手里换了"新式武器"——那是一种利用静电吸尘的新拖把。还别说，这"新式武器"还真管用，纸屑、毛发、灰尘，一下就被吸上来了。

　　静电干的坏事我们可见识得多了。可是你知道吗？其实，静电也不尽干坏事，很多时候，它还能很好地为我们服务。只要我们摸透静电的脾气，对它加以正确引导，那么它就是人类的得力帮手了。

静电将尘土清除了

　　静电首先能在我们日常的家居生活中派上用场，比如说静电除尘设备。我们还是先来做一个有趣的小实验吧：

　　准备一个带盖子的塑料瓶，在瓶盖上钻两个小孔，然后插入两根导线，每根导线的下端接一片长方形的铜片作为正负极。接下来按顺序完成以下三个步骤：一是先将一张纸垫在瓶底，这张纸可以是揉皱后的；二是在瓶里放两小截点燃的蚊香，这时你会看到瓶里弥漫着白色的烟雾；三是把两根导线的上端接入一台手摇发电机的正负极上，然后摇动发电机，

爱上科学

SHENQI DE DIAN
神奇的电
一定要知道的科普经典

AISHANG KEXUE YIDING YAO
ZHIDAO DE KEPU JINGDIAN

这时你就会看到烟雾在顷刻间消失殆尽。

这是怎么回事呢？原来，金属片放电可以产生许许多多带负电的离子，叫作负离子。负离子吸附了周围空气中的尘埃，并把它们全部带到了带正电的金属极片上。所以瓶里的空气变得清彻透明，而金属片表面却积起了薄薄的一层脏东西。

静电除尘设备正是根据这个实验原理制造出来的，它利用静电吸附各类小物质，从而实现清洁环境的目的。

把外来干扰屏蔽掉

如果你细心观察，你就会发现，我们身边的很多电子仪器，其外壳往往是一个金属盒子。你知道这是为什么吗？

其实，电子仪器之所以采用金属外壳，那是出于保护电子仪器的需要。我们知道，带电体的周围是存在电场的，电场能产生一种力，叫电场力。电场力能对附近的带电体（如电子仪器）进行作用。这种作用很多时候是我们不需要的，因为它会干扰带电体中电荷的运行，甚至直接破坏带电体。为了阻止外电场对带电体的这种不必要干扰，我们就需要在电子仪器的外围设一个"屏蔽网"，而这个"屏蔽网"正是金属外壳。

那么，为什么金属外壳能屏蔽掉外电场呢？原来，它利用了静电屏蔽的原理。具体是这样的：

假如，某个电子仪器置于一个外电场中（这个外电场可能是由其他电子仪器产生的），那么，由于电场力的作用，这个电子仪器的金属外壳上的电荷会重新分布——与外电场相异的电荷移向外侧（异性相吸），与外电场相同的电荷移向内侧（同性相斥），直至重新平衡。平衡时，金属外壳会产生一个和原外电场相抵消的电场，从而使外电场作用不到金属外壳内部，进而也就保证了金属外壳内部的电子仪器核心部分不受外电场的影响。

伟大的静电复印

你想把你的毕业证复制到另
一张纸上吗？很简单，拿它到复印
机上复印，几秒钟就出来了，多快
捷，多方便！

不过，可能你并不知道，如
今普通得不能再普通的复印机，在
70 多年前曾耗费了一位发明家近
20 年的心血。这个发明家是美国
人卡尔森，他是利用静电技术发明
出这种伟大设备的。

复印机

早在 1936 年，卡尔森就注意到当时的人们在需要文件复本时，往往
通过成本较高的照相技术来完成。由此，他想发明一种能快速并经济地
复制文件的机器。一次，他的朋友给他展示了一种当光线增强时能够产
生导电性质的物质，卡尔森由此大受启发。他意识到这种物质在他的发
明中很有应用价值，于是将研究重点转向了静电领域。

1938 年，卡尔森的助理把一行数字和字母"10、22、38、
ASTORIA"印在玻璃片上，又在一块锌板上涂了一层硫黄，然后在板
上使劲地摩擦，使之产生静电。他又把玻璃板和这块锌板合在一起用强
烈的光线扫描了一遍。几秒钟之后，他移开玻璃片，这时，锌板上的
硫黄末近乎完美地组成了玻璃片上的那行数字和字母"10、22、38、
ASTORIA"。

卡尔森终于成功了，他利用静电技术成功地创造了人类的第一个复
印件！此后，他又对静电复制技术进行了改进，经过多年努力，终于制
造出人类历史上第一台办公专用的自动复印机。

妙不可言的电池

马克正在玩他的那辆玩具电动车。一开始电动车还能飞快奔驰，可渐渐地，它越来越慢了，最后终于停了下来。马克一脸迷茫地看着旁边的妈妈。妈妈说："换一块新电池试试吧。"

电池是一种神奇的盒子，它本身并没有电流，接上导线之后，电流却能源源不断地从它身上流出来。电池之所以能够做到这一点，是因为它的内部发生了能量转化——从化学能，或者其他能，转化为电能。

从化学能到电能

1800 年 6 月 26 日，在英国伦敦皇家学会的演讲大厅里，来自意大利的电学家伏特正在做着一个神奇的实验。只见他将 17 枚银币和 17 枚锌片交错叠放在一起，在每一片与每一片之间塞上一个浸透了盐水的马粪纸。当金属和纸片都叠起来之后，伏特从位于顶部和底部的两片金属片中引出两根导线，然后将导线的两端靠近。这时，现场的观众们看到了一番神奇的景象：两根导线的相交处迸发出明亮的火花，并且伴随着噼里啪啦的声响；无论操作多少次，只要两根导线一靠近，火花和声响就会出现。

这就是人类历史上的第一个电池——伏特电池，它使人类第一次获得了稳定、持续的电流。

那么，伏特电池是怎样产生稳定、持续电流的呢？

原来，伏特电池就像一个活跃的能源转化器，它的内部会发生一个由化学能转化为电能的过程。具体来说，当锌片和银币浸在电解质盐水中的时候，在锌片、银币和盐水之间会发生一氧化还原反应。这种氧化还原反应的结果是使银币带上正电，成为正极；锌片带上负电，成为负极。正负极间因存在电位高低而产生电压。当用一根导线将正负极连接在一起的时候，锌片上的电子就会在电压的作用下流向银币，从而形成持续、稳定的电流。

伏特电池是人类首次利用化学能生成电能，它的出现具有里程碑式的意义。此后的各种化学电池大多是在它的基础之上制作出来的，所以，伏特电池又被称为"原电池"。

充一下，电就有了

手机电池没电了，拆下来，把它放到充电器里充一会儿电，不久就又能够使用了。这就是蓄电池的威力。

蓄电池也叫可充电电池，它是在原电池的基础上创造出来的一种可反复使用的电池。蓄电池的种类有很多，样式也五花八门，从小到纽扣式的到大到柜子式的，凡是能够充电的都可以叫作蓄电池。

尽管蓄电池的种类和样式各不相同，但其基本原理是一样的——都是将化学能转变成电能并随时"整存零取"，最终达到反复使用的目的。

以我们常见的铅酸蓄电池为例：它一般以铅板和二氧化铅板构成正负两极，以稀硫酸作为电解质。在放电时，金属铅是负极，发生氧化反应，被氧化为硫酸铅；二氧化铅是正极，发生还原反应，被还原为硫酸铅。这个过程是化学能转化为电能的过程。在用直流电源充电时，两极分别

生成铅和二氧化铅，移去电源后，它就又恢复到了放电前的状态。这个过程是电能转化为化学能的过程。

水果也可成电池

要是有人问你：水果能做电池吗？你一定会掩口失笑，同时坚定地回答：不能！

水果怎么能做电池呢！那不是开玩笑吗？

这还真不是开玩笑，英国伦敦的一位钟表修理工阿希尔就利用水果做成了一个电池。这个水果电池是由柠檬做成的，它被装在一个电钟上。让人惊奇的是，这个电钟自从装上柠檬电池之后，就一直昼夜不停地运转，竟然运转了5个月之久！

这是不是有点让人觉得不可思议？

其实，说出来一点也不稀奇。柠檬之所以能成为电池，完全是因为它运用了化学电池的原理：柠檬里的柠檬汁就好比化学电池中的某种导电酸液，只要在柠檬里插上两根电极（如锌和铜），它就能够像化学电池一样生成电流。不过，阿希尔的发明的绝妙之处并不在于这一点。普通的化学电池只要参加化学反应的酸液（如稀硫酸）用完了，电流也就中止了。而柠檬却是有生命的，在它完全干瘪之前，由于植物细胞仍旧具有新陈代谢的能力，所以它仍能不断地通过空气和阳光生成新的柠檬汁，从而不断补充被消耗掉的酸液。这也是柠檬电池能提供这么持久电能的原因。

事实上，不仅柠檬能做成电池，只要是带有导电酸液的水果都能够做成电池，如橘子、橙子等。

干电池还能"死而复活"

我们日常生活中常见的干电池是一种不可充电的化学电池，它的使

爱上科学
SHENQI DE DIAN
神奇的电
AISHANG KEXUE YIDING YAO
ZHIDAO DE KEPU JINGDIAN
一定要知道的科普经典

电池

用是有寿命期限的，一过了寿命期，它就不能用了，也就是我们常说的"电用完了"。

那么，有没有一种办法使得已经"寿终正寝"的干电池"重新复活"呢？

有！

拿一个五号干电池，仔细观察和分析，我们可以大致了解它的结构和工作原理：干电池有两个电极，一个是正极，那是立在圆筒中央的一根碳棒，它的顶端有一个小铜帽；另一个是负极，它是用锌做成的圆片。锌片的内壁衬着氯化锌溶液和淀粉混合做成的糊状物。在碳棒和糊状物之间，装有用氯化铵溶液喷湿过的二氧化锰和碳粉的混合物。跟原电池一样，干电池之所以能产生电流，是因为干电池中的电极（碳棒和锌皮）在电解质（氯化锌溶液）中发生了化学反应。而干电池不能产生电流，是因为化学反应停止了。化学反应停止的原因主要是因时间过久而使电糊（氯化铵）干了，氯化铵不能与锌继续起作用了。

所以，针对以上原理，我们要想使干电池"死而复生"，只能想办法补充新的液状电糊。我们可以在干电池的底部，用铁钉在靠近锌片的地方打两个小孔，然后在小孔内分别灌入氯化铵饱和溶液，一直到注不进去为止；如果没有氯化铵，可用普通食盐代替。注满后，用熔化的蜡将两个小孔封住，这时，干电池就复活了。

电 路真神奇

在科索沃战争期间，美军用大量石墨炸弹轰炸南联盟目标，但其目的并不是要破坏城市，而是利用石墨的导电性使对方的电路短路，从而导致对方城市电力供应中断。

电路我们都听过，它在我们日常生活中很常见。最简单的电路是由电源、用电器、导线和开关组成的，其中电源是向电路提供持续电流的装置；用电器是利用电流工作的设备；导线是用来连接电源和用电器的，其作用是传输电流；开关的作用是用来控制用电器和电源的通断。电路按其状态分，可分为通路、断路、短路三种。

▲ 通路是形成电流的条件

暑假里的一天，小超和爸爸一起去上海外滩看夜景。在出发的时候，天还没有黑。等到外滩的时候，太阳已经落下山去了。随着太阳的落山，外滩街上的路灯都齐刷刷地亮起来。小超很奇怪，问爸爸："爸爸，这么多的路灯一下全亮起来了，是谁在控制它们呢？"

爸爸回答说："是工程师啊。工程师通过设计一条自动电路，将这些路灯连在一起。白天的时候，这条电路是断开的，等到了夜晚规定的时间，电路就自动连通了。连通的电路里面有电流通过，有了电流，那

些路灯就亮了。"

爸爸所说的电路连通，其实就是电路的通路状态。通路也叫闭合回路，它是电流形成的必要条件。因为我们知道，电流是由电荷的定向移动形成的，电荷要移动，除了必须有载体（导线）外，这载体还必须是闭合的。光有载体，而载体不闭合，电荷是无法移动的。

扳手一拉，灯就灭了

如果你见过你们家的电度表，那么你应该也见过这样一件小东西：它就位于电度表旁边，形状或是正方形的，或是长方形的；它的中央有一个小扳手，如果将小扳手往下一拉，你家的灯就灭了，而将小扳手往上一提，那些灯就又重新恢复了光明。

这件小东西就是断路器，它是根据电路的断路原理设计出来的。

我们知道，用电器在正常工作时，电路中电流由电源的一端经过用电器后回到电源的另一端，从而形成通路。但是，如果将电路的回路人为地切断，或者因某种原因，电路回路自身发生断开，那么这时电路中电流就不能够流通，就形成了与通路相对的另一种状态——断路。

断路是一种非正常状态，它就像一条原本畅通的道路，由于塌方突然被中断一样。利用这个原理，人们制造出了断路器。断路器为一种过电流保护装置，当电路中的电流过大时，它就会自动跳脱，从而使电路处于断路状态，保护电器免受损坏。断路器也可人工操作，当用手向上扳起扳手时，就可再次连通电路。

短路很危险

千万不要将导线直接接在电池的正负极上，那样，你会把电池毁掉的。也千万别让家中的电源插座口损坏，那会使你家中电路发生短路，从而引起不测。

是的，电路中有一种比较危险的状态，那就是短路。短路其实是一种特殊的闭合回路，只不过这种闭合回路是不连接用电器的，它直接将电源连通，就像将导线直接接在电池正负极上一样。

因为短路也是一种闭合回路，所以它里面也是有电流通过的，这种电流就叫作短路电流。短路电流跟正常回路的电流可不一样，它没有丝毫的建设性，只有破坏性。之所以这样说，是因为在短路电流出现时，其瞬间放出的热量是非常大的，往往能大大超过线路正常工作时的发热量。这不仅能使包住金属导线的绝缘材料被烧毁，还可使金属导线也被熔化，更可使电源直接烧毁。所以，短路一点用处都没有，它只会毁坏电器和制造火灾。

短路有两种情况，一种是电路直接短路，也就是电路中除了电源和导线外没有其他元件，导线直接接在电源两极上；另一种是用电器短路，也就是电路中除了有电源和导线外，还有用电器，不过这个用电器是与导线并联的，电路闭合时，电流仍然没有流过用电器，而是直接在电源两极上穿过。两种短路都是不允许的。

造成短路的主要原因有线路老化、人为错接线路、火灾等。

直流电、交流电大揭秘

老师举起一节干电池问同学们："从这里流出来的电是直流电还是交流电啊？"同学们回答说："是直流电！""那么，从发电厂出来的呢？""交流电！"同学们异口同声地回答。

电流是有直流和交流之分的。如果在一个电路中，电荷是沿着一个不变的方向流动的，那么这种电流是直流电；而如果电荷流动的大小和方向是随时间做周期性变化的，那么这种电流是交流电。

电流方向是人为规定的

把一节电池的头（正极）对着另一节的尾（负极）装在手电筒中，手电筒就亮了；如果倒过来，电池的头与头相对，或尾与尾相对，那么手电筒就不会亮。这是因为手电筒需要的是朝一个方向流动的直流电，而电池只有首尾相接才能产生这个直流电。

直流电的方向是恒定的，那么，这个方向是如何界定的呢？

早在19世纪初的时候，物理学家们刚刚开始研究电流。那时，他们还不太清楚电荷形成电流的具体机制，于是就把正电荷移动的方向规定为电流的方向。其实，物理学家们想当然了，真实的情况并没那么简单。

真实的情况应该是：发生定向移动的电流可能是正电荷，也可能是负电荷，还可能是正负电荷同时向相反方向定向移动。

不过，由于科学家对电流方向的规定是在人类刚刚迈入电流门槛这一重要背景下做出的，具有特殊的纪念意义，所以直到现在，这一规定仍在沿用。

用手让交流电"现形"

天黑了，将屋子里的其他灯都关上，只留下一盏日光灯。如果此时你在日光灯前挥一下手，你会看到相互重叠但又有一定间隔的一串手的影子；而如果你伸出一个手指再挥动手臂，则此时手指不会重叠，但仍会出现一排手指的影子。

这是不是很有趣？你是否也曾做过类似的小实验呢？

其实，这可不仅是一个简单的小实验，它里面还蕴藏着丰富的交流电知识呢。

我们知道，家庭照明电路使用的是电压为220伏的交流电，这种交流电的强弱和方向是依正弦规律变化的。依照这个规律，当交流电作用在日光灯上时，日光灯应该是忽明忽暗的变化的：电流强时灯应该亮，电流为零时灯应该暗。可是，为什么我们平时看不到这种变化呢？

原来，交流电的变化实在太快了，快到我们的眼睛根本分辨不出来。而上面的这个小实验却能够很好地揭示这种变化，这是因为：当灯亮时，你的手会被照亮，而灯暗时，你的手不会被照亮；如果你的手是一直不动的，那么这种明暗变化是不会体现出来的，理由是没有时间间隔；而如果你的手是挥动的，那么这个明暗变化就会因有时间间隔（即便这个间隔很小）而体现出来了。所以，在挥动手时，我们能在墙壁上看到一排亮暗间隔的手的影子。

交流直流各有妙用

家里的洗衣机、空调、电饭锅用的是交流电，而手电筒、小收音机用的却是直流电。为什么不同的电器要使用不同的电流呢？直流电和交流电各有什么优缺点呢？

其实，我们日常生活所接触到的电器，大部分使用的是交流电。之所以使用交流电，一方面是因为交流发电机结构简单、制造成本低、维护简便；另一方面，也是最主要的原因，是因为交流电可以通过变压器来升高或降低电压。众所周知，发电厂生产的电，都要输送到很远的地方。由于电流存在热效应，电压越低，热效应越明显，电能损失越大；反之，电压越高，电能损失越小。如果我们能够在输电的过程中，采用高压，如 3.5 万伏、22 万伏甚或 50 万伏，等到达用户处的时候再将高压变回所需的低压，如 220 伏、380 伏，那么我们不就可以很好地减小电能的损失了吗？交流电能够轻松实现变压，而直流电却很难做到这一点。这正是交流电对直流电的最大优势。

当然，直流电也有它的优点，如直流输电发生故障的损失比交流输电小，输送相同功率时，直流输电所用线材仅为交流输电的 2/3~1/2 等。而且，随着技术的进步，直流高压输电到现在也已经不再是什么特别难的事。此外，在一些化学工业上，如电镀等，必须用直流电，用交流电很难施行。开动电车，也是用直流电比较好。

电压知多少

拧开水龙头，水"哗哗"就流出来了。看着日常生活中这一再平常不过的情景，张阳突然觉得好奇：为什么水能够从水管里流出来呢？为了寻找答案，他跑进屋子问爸爸。

像我们经常见到的一样，水龙头里之所以能流出水，是因为水管里存在着一种高水位和低水位的差别，这种差别能产生一种压力，它迫使水从高处流向低处。电也是如此，电流之所以能够在导线中流动，也是因为在电流中存在高电位和低电位的差别。这种差别就叫电位差，也叫电压。换句话说，是电压使某段电路中产生了电流。

电压有高有低

电压是有高低之分的，也是有安全与危险之别的：将左右两手分别接触到五号电池的正负极上，那么无论接触多久，人体都不会有触电的感觉；这是因为五号电池的电压一般只有 1.5 伏，这种低电压作用在人体身上是引不起人体反应的，是安全电压。而如果不小心将身体接触到了家里裸露的电线，那么不幸就会发生——人很可能在片刻之间就因触电而失去性命。这是因为，家庭电线的电压高达 220 伏，这种高电压足以

让人丧命。

那么，为什么同样是电压，大小不同会引起人体的不同反应呢？原来，这是由电流决定的：流过人体的电流越小，人体对电的反应越轻；流过人体的电流越大，人体对电的反应越大。而电流又是随着电压的增大而增大的。所以，当电压小时，人体反应轻微，甚至无反应，如接触五号电池；而当电压大时，人体就会作出包括疼痛、抽搐、窒息乃至死亡在内的强烈反应，如接触家庭线路。

电压有时并不稳定

在一幢刚建成不久的住宅小区里，原本应该享受乔迁之喜的居民们这几天却怎么也高兴不起来。原来，这几天，每到晚上，居民家的各种用电器就不能正常地工作：电灯不是忽明忽暗，就是干脆不亮；冰箱是一会儿工作一会儿停止的；风扇也是一会儿吹出大风，一会儿又小到等同于没开；电脑更是莫名其妙地反复重启。

看来，这些倒霉的居民是碰到电压不稳的状况了。

电压不稳是家庭电路中常见的一种故障，它是由整个或部分电力系统供给故障引起的电压波动过程。

电压不稳包括两个方面，一个是电压偏差，一个是电压波动。

电压偏差是在某一时段内，实际电压的幅值"缓慢"变化而偏离了额定电压。电压偏差是稳态的，也就是说电压要么偏高、要么偏低。电压偏差的大小，主要取决于电力系统的运行方式，以及线路中各种负荷的变化等。所以，解决电压偏差问题可以从以下几个方面入手，如根据电力系统潮流分布，及时调整运行方式；合理减少线路负荷等。

电压波动是在某一时段内，实际电压幅值"急剧"变化而偏离了额定电压。电压波动是动态的，也就是我们所说的电压忽高忽低。电压波动主要是由大型用电设备负荷快速变化引起的冲击性负荷造成的，大型

SHENQI DE DIAN
AISHANG KEXUE YIDING YAO
ZHIDAO DE KEPU JINGDIAN
神奇的电
爱上科学
一定要知道的科普经典

电机的起停及加减载，如轧钢机咬钢、起重机提升起动、电弧焊机引弧、电气机车起动或爬坡等都可能产生冲击性负荷。上面提到的居民们碰到的状况就是电压波动，它可能是由小区外某个大型电机持续工作引起的。抑制电压波动可以从增加供电系统容量、改进大型电机生产工艺及操作水平等方面入手，如更换大容量的变压器、采用专用稳压设备等。

电压超高真可怕

已经到做中午饭的时间了，张大妈将米淘好，放在电饭锅里插上电，然后就去择菜。忽然，"砰"地一声闷响从电饭锅里传出，然后就见电饭锅上冒出一股浓烟。张大妈吓了一跳，赶紧拔下电源，将电饭锅拿起来看，一看傻了眼：电饭锅的底部已经被烧了个鸡蛋大小的洞了。

这是怎么回事？原本好好的电饭锅怎么会突然被烧穿呢？

原来，这是发生电压超高现象了。电压超高是电压不稳的一种较极端状况。一般来说，家庭电路偶尔会发生电压不稳现象，但这种不稳一般是电压过低，或者即便是电压过高，那也是比正常值稍高一点，不会高到突然损坏家用电器的程度。而电压超高则是一种极端状况，它的电压正是高到了能突然损坏家用电器的程度。

电压超高的原因是多方面的，有可能是家庭线路中的入户线没有中性线（零线），也有可能是变压器输出端的中性接地线断裂（或者接地不良），具体问题还要具体分析。

SHENQI DE DIAN
神奇的电
爱上科学
一定要知道的科普经典
AISHANG KEXUE YIDING YAO
ZHIDAO DE KEPU JINGDIAN

危 险高压电

陈星和伙伴们在操场上踢足球。突然，陈星一个大脚，将皮球踢到了操场外的一个变压器箱下面。陈星跑到变压器旁边，看着上面写着的"高压危险"几个大字，很是犹豫，不知该不该去捡球。

　　引文中陈星的犹豫是有道理的，因为对我们人体来说，高压电是非常危险的，稍不小心它就可能夺去我们的生命。高压电与我们的生活休戚相关，无论是在工业生产，还是在日常生活，我们到处都能看到高压电的"影子"。

高压能放电

　　在空旷的原野上，一座座高压电线架高高地耸立着。即便这高压线已经离地面很高了，但人在它的下面玩耍还是危险的，因为高压电随时可能借助它强大的电场电离并击穿下面的空气，使得电火花隔着空气就作用在人体上——这就是高压放电现象。
　　高压放电是一种较剧烈的电现象，它的形式有多种，原理也不尽相同。但有一点是一致的，那就是作用的电压都非常高，往往高达万伏，有时甚至在 100 万伏以上。我们可以通过一个高压沿面放电的实验来了解高压电的威力：

在空中悬挂一块平整光滑的玻璃板，将玻璃板的两面正中央各装上一个圆形的小电极，一个电极接高压，另一个电极接地。当电压升高到 2 万至 3 万伏时，圆形电极附近出现蓝色光晕；当电压继续升高到 5 万至 6 万伏时，蓝光随之增强；当电压升高到 7 万至 8 万伏时，玻璃板表面出现大范围树枝状的放电条纹；而当电压升高到

危险的高压线

10 万伏时，高压电流从平面玻璃板的中心向四边、沿玻璃表面出现生成奇特的弧光，那一根根蜿蜒扭曲的蓝色电弧，犹如一条条闪动着奇光异彩的蓝色小蛇在玻璃板上剧烈颤动，非常震撼！

高压沿面放电的原理其实容易理解：玻璃板是一种绝缘介质，当两电极间有电压时，电流无法通过玻璃板，只好被迫沿玻璃板的平面寻找与另一电极距离最短的通道。由于玻璃板表面上附有空气，所以，所谓的通道实际上就是电流击穿空气形成的路径。在电压很小时，电流击穿空气的能力不显著，所以路径显示得也不直观；而当电压越来越大时，电流击穿空气的能力就越来越显著，由此形成的路径也就越来越明显了。于是，接下来就出现我们看到的蓝色光晕、树状条纹以及蜿蜒扭曲的蓝色电弧。

高压也能制造雷电

通常，我们只能在大自然中才能看到雷电现象。可是，要是有人告

诉你，在实验室中也能看到雷电现象，你相信吗？

这是真的，借助高压高频放电设备，人们真的可以在实验室中领略到跟自然雷电很相像的景象。

这种高压高频放电设备叫作特斯拉放电器，因为它是美国科学家特斯拉发明的。特斯拉放电器有一个屏蔽网，屏蔽网的中央有一个头顶是大圆盘的圆柱形设备，称为高频高压发生器，也叫特斯拉变压器。特斯拉变压器的核心是顶部的圆盘形电极，它叫作均压环。当在均压环上的两个电极加上高电压后，两个电极会向接地电极放电，放出连续的蓝色火光。当电压足够高时，可以击穿1~2米的空气间隙，进而发出白色的光带，同时伴随噼噼叭叭的声音，就像真的打雷和闪电一样。

奇特的跨步电压

高压电线架上的一根电线，由于大风，被刮了下来，断线的一头就落在马路的中央。如果这时你正走在马路上，一定要马上停下来，绝不能再前行一步，因为跨步电压有可能将你击倒。

跨步电压可是一种古怪的电压，它不用直接作用到你身上，就能够将你电倒。跨步电压的原理其实很简单：带电电线掉落到地面后，会有大量的扩散电流向大地流入，这些扩散电流会使周围地面形成不同的电位（也叫电势）：离落地点越近，电流越集中，电位越高；离落地点越远，电流越分散，电位越低。如果此时，你正站在有

◉ 不要在高压线下放风筝

电位的地面上，而且双脚张得很开，那么，你的双脚间就可能存在电位差，也就是电压。从前面我们已经知道，电压是产生电流的原因。由于人体是导体，当人体这一导体存在电压时，电流就会从人体流过，从而引发触电。

实验证明：当人或牲畜站在距离电线落地点 8~10 米时，就可能发生触电事故；当跨步电压达到 40~50 伏特时，无论距离落地点远近，人也会触电。

或许有人会说，人受到跨步电压时，电流是沿着人的下身，从脚经腿、胯部又到脚与大地形成通路，没有经过人体的重要器官，所以应该比较安全。但是实际并非如此！因为人受到较高的跨步电压时，双脚会抽筋。这会使身体躺倒，从而使整个身体成为导体。这时，电流再从心脏等重要器官流过也就非常容易了。

人一旦误入跨步电压区时，应迈小步，双脚不要同时落地，以减小电位差；最好一只脚朝电线落地点相反的方向跳走，让身体与大地构不成回路。

科学小常识

光溜溜的高压线

一般导线表面都包有一层绝缘材料。不过，如果你细心观察，你会发现高达上万伏，甚至几十万伏的高压电线却不包绝缘皮，表面光溜溜的！这是因为在高压下，本来是绝缘的一些材料，如橡胶、塑料、干木材等也会变成导体，根本不起绝缘作用。所以，如果还在高压线上包绝缘皮，就要多花钱，白白浪费财物了。

导体与绝缘体之别

一个人不小心使电钻掉入了水中。他没有拔下电钻插头即伸手去水里抓电钻，结果被电死了。这个不幸的渔民太粗心了，他忘了水是能够导电的。

物体根据其导电性能，大致可分为两类：一类是电流容易通过的物体，称为导体，如铜、铝、银等金属。导体可以用来做电线，传输电流。另一类是电流不容易通过的物体，称为绝缘体，如木头、塑料、橡胶、陶瓷等。绝缘体可以用作电线的外包皮、电器的外壳等，防止漏电。

自由电子决定导电性能

为什么导体很容易就导电，而绝缘体却很难呢？

要回答这个问题，我们还得回到物体原子那个微小的世界。我们已经知道，物体是由原子构成的，而原子又是由原子核和电子构成的。在一般情况下，电子是受原子核的吸引力而围绕着原子核做圆周运动的。但是不同的原子核对电子的吸引力大小不同，有些原子核对电子的吸引力很大，它能够牢牢地吸住电子，使其乖乖地围绕在自己身边；而有些原子核对电子的吸引力则相对较小，它周围的那些电子很容易就能挣脱原子核的束缚，飘逸到外面去，从而成为自由电子。自由电子多了，形

爱上科学

SHENQI DE DIAN
神奇的电
一定要知道的科普经典

AISHANG KEXUE YIDING YAO
ZHIDAO DE·KEPU JINGDIAN

成电流就容易了，物体也就容易导电了。

也就是说，是自由电子的多寡决定了物体的导电性能。导体正是自由电子较多的一类物体——导体原子核对电子的约束力较小，电子很容易就逃离到原子外边，变成自由电子；而绝缘体却几乎没有自由电子，有也是微量的。所以，导体容易导电，而绝缘体却很难。

不过，需要注意的是，导体和绝缘体的界限不是绝对的。在一定条件下，绝缘体也可以产生较多导电粒子，从而转化为导体。

同为导体，导电能力各异

导体可太常见了，随便在屋子里环视一周，我们就能看见那些能导电的金属。可是，你知道吗？同样是导体，其实不同的金属其导电的能力是不同的。

衡量导体导电能力大小的物理量是电阻率，电阻率越小，导电能力越强；电阻率越大，导电能力越弱。下面是常见金属导体电阻率大小的排序：银＜铜＜铝＜钨＜铁＜锰铜＜镍铬合金。

可见，银的电阻率最小，它是众多金属中导电性能最好的导体。但是，由于银是贵重金属，产量少、价格高，所以不适合用作普通导线，只有在精密的科学实验中，为减小电阻才选用银或者镀银作为导线。在普通导线中用的最多的是铜导线和铝导线，因为虽然与银比较起来，它们的电阻率要大一些，但它们的价格更便宜，产量也更大。

不要用湿布去擦电器

各种家用电器的使用说明都会告诫用户不要用湿布去擦拭电器，不要用湿手去拨动电源开关。这是为什么呢？

这是因为，水是一种导体，它很容易产生自由电子，从而引导电流从人体经过。

其实，水究竟是不是导体，也应该区别来看。在很纯净的情况下，水其实是不导电的，是一种绝缘体。但是我们日常接触的水并非纯净水，大都含有具有导电性的杂质，因此，在一般情况下，水就是一种导体。

类似的情况还有人体。人体在皮肤很干燥的时候，其实可以看作绝缘体，尽管它不能像橡胶和陶瓷那样完全不导电，但在电压不高的情况下，通过它的电流其实也是很小的。不过，当人体皮肤较湿润时，情况就完全不同了，它立刻就会变成良好的导体，让电流轻松地从身体流过。

橡胶也是能导电的

一辆汽油运输车在路上飞驰着。突然，"轰"的一声巨响，车上的贮油罐爆炸了。原来，是空气与车身摩擦产生的大量静电引爆了贮油罐。本来，大地是能够导电的，但是由于汽车的橡胶轮胎是绝缘体，它阻止了静电传向大地，所以，当静电积累得足够多的时候，灾难也就发生了。

那么，有没有办法可以避免这个灾祸呢？有，人们想到在装载有易燃易爆品的货车上垂下一根铁链，由它将静电传导到地面上。但是，科学家认为这并不是最好的办法，最好的办法应该是给汽车装上能导电的轮胎，让轮胎直接将静电传导到地下。正是在这样的背景下，导电橡胶应运而生。

导电橡胶可真是一个新鲜的东西，原本我们只知道橡胶是不导电的，可是没想到随着人们对新材料认识的加深，这种原本的绝缘体现在也变得能导电了。其实，导电橡胶导电的原理很简单：就是在橡胶内掺进一些导电性能良好的金属粉末，使它变成电的导体，同时还保持着不被氧化、重量较轻等优良特性。

导电橡胶在日常的生产和生活中有不少的应用。例如，由于导电橡胶不受外界温度变动的影响，能够始终维持一定的温度，因此可以制成恒温加热器，这在化学工业和食品工业中有非常广泛的应用。

爱上科学
SHENQI DE DIAN
神奇的电
一定要知道的科普经典
AISHANG KEXUE YIDING YAO
ZHIDAO DE KEPU JINGDIAN

称职的保险丝

老张家一家大小正在看电视。突然，"啪"的一声，电视自己关了，同时屋里的其他家用电器也灭了。老张连忙跑出屋子，去检查电表旁的保险丝，结果发现保险丝已经断了。

保险丝是保护电路的一种装置。一般家庭用的保险丝是由铅、锡、锑等低熔点的合金材料制成的，一旦遇到漏电、短路或超负荷时，保险丝就会马上熔断，及时切断电源，这样可以有效地保护家庭电器。

绝不允许强电流通过

电流通过一段导体时，导体会发热，这就是电流的热效应。保险丝正是利用电流的热效应来"保险"的。

一般的家用保险丝大都是用含量不少于98％的铅和含量为0.3％~1.5％的锑混合制成的，它的熔点很低，仅在240℃左右。一般情况下，电路正常工作时，电流通过保险丝产生的热量不会达到240℃，因此，保险丝此时"无事可做"。但是，当电路超负荷运行或某处发生短路故障时，通过电路的电流会急剧增大，这个急剧增大的电流能使保险丝在瞬间达到240℃。到这时，保险丝就不是无事可做了，它会以一种自我熔断的方

SHENQI DE DIAN
AISHANG KEXUE YIDING YAO
ZHIDAO DE KEPU JINGDIAN
神奇的电
爱上科学
一定要知道的科普经典

式来切断电路，保证强大电流不会冲击到家用电器。

可以说，正是保险丝的"自我牺牲"换来了家用电器的安全。

最容易在开机时熔断

有时，我们在刚刚开启一台机器时，电路一端的保险丝突然烧断。你知道这是怎么回事吗？

原来，大部分电路在刚接通电源时都会产生一个瞬间浪涌电流。所谓浪涌电流，就是流入电源设备的峰值电流。这个峰值电流往往比正常稳定状态下的电流要大好多倍，甚至几十倍。如果在该电路中使用的保险丝，其耐浪涌能力不够强的话，保险丝就很容易被大能量的浪涌电流所冲断。不过，如果这个浪涌电流的持续时间很短，所释放出来的能量不足以冲断保险丝时，保险丝也不会熔断。

为了避免保险丝被浪涌电流冲断，人们需要选用正确的保险丝品种，如耐浪涌保险丝或慢熔断保险丝等。

铜丝铁丝，不是保险丝

一些没有电学知识的人，往往会想当然地认为：既然铜丝、铁丝也是导体，为什么不用铜丝、铁丝去做保险丝呢？要知道，铅和锑的材料可不好找，而铜丝、铁丝却到处都是。

这种想法想想是可以的，但绝对不能付诸行动。如果做了，那将可能出现大灾难——你家的各种电器有可能在一次电路故障中就被烧毁殆尽了。

这并不是危言耸听。因为我们知道，电路中是有可能出现强电流的（因为用电过度或电路故障等），这种强电流如果不及时切断，不仅会损坏电器，而且可能造成火灾。而保险丝正是切断强电流的装置，它依靠自身的低熔点，将电路中的电流限制在一个安全的范围内。如果电流超过

安全范围，它产生的热量就会自动熔断保险丝，从而保护了线路。

　　铅合金保险丝的熔点是 240℃左右，这是电路允许的安全温度。而铜丝的熔点是 1084℃左右，铁丝的熔点是 1535℃左右，远远高于 240℃。当有强电流进入电路时，强电流产生的热量有可能熔断铅合金保险丝，却熔不断铜丝或铁丝做成的保险丝。这样，保险丝便起不到保护电路的作用，家用电器被强电流烧毁也就很自然了。

　　所以，绝对不能用铜丝、铁丝代替铅合金保险丝！

神奇的电阻

> 每当夜幕降临的时候，城市街道两旁的路灯就会自动亮起来，很准时，从不例外。于阳对此很奇怪，他问爸爸：路灯背后是有人在控制吗？爸爸回答说：不是的，是因为有光敏电阻。

引文中于阳的爸爸所说的光敏电阻是一种利用电阻制造出来的元器件。电阻，是导体的一种固有属性。任何一个导体都对流过它的电流有阻碍作用，这个阻碍作用就是电阻。电阻的大小一般与导体本身的材质、长度、横截面积以及所处温度有关。

 天一黑，灯就亮了

电阻的应用可多了，利用光敏电阻来控制电路开合的街道路灯只是其中的一个。

那么，光敏电阻是如何控制街道路灯的呢？

原来，光敏电阻也叫作光导管，它是用硫化镉、硒、硫化铝、硫化铅和硫化铋等材料制出来的。这些制作材料具有随光照强弱的变化，其电阻值也跟随变化的特性：光照强时，电阻值大；光照弱时，电阻值小。

白天，太阳光照较强（即便阴天也要比晚上强），光敏电阻的电阻

光照强时，电阻值大

光照弱时，电阻值小

SHENQI DE DIAN
神奇的电
一定要知道的科普经典
AISHANG KEXUE YIDING YAO
ZHIDAO DE KEPU JINGDIAN
爱上科学

值很大，阻住电流的能力也很大，此时，电流通不过街道路灯的电路，所以，路灯不亮。而到了夜晚，光照变弱，光敏电阻的电阻值迅速变小，阻住电流的能力也变小，此时，电流就会通过街道路灯的电路，路灯自然也就亮了。

有时，白天并没有太阳，天空中阴雨连绵，此时路灯仍然不亮。这是因为，光敏电阻的电阻值是需要降低到一定程度才能让电流通过的。白天尽管没有太阳，但此时的光照仍然要比夜晚强，它在光敏电阻上产生的高电阻值仍然不足以使电流通过，所以，路灯不亮。当然，如果天空过于阴暗，光照已经弱到了使光敏电阻的电阻值达到非常小的程度了（足以使电流通过），那么，此时即便是白天，路灯也是会自动亮的。

将金属焊接起来

在家电工厂，在汽车制造车间，工人们很多时候都用一种叫作电阻焊机的机器焊接机器。电阻焊机利用的也是电阻。

我们知道，电流有一种热效应，就是电流流过导体时，导体会发热。其实，导体之所以会发热，是因为有电阻的存在——电流总是希望尽快、尽可能不受损失地流过导体，而电阻偏不如它所愿，总是想方设法地阻止电流。这就好像一个人想要通过一条道路，而另一个人偏不让他通过，于是双方不可避免地出现摩擦。两个人摩擦的结果可能是打起来，而电流和电阻"摩擦"的结果就是生成热量。

电阻焊机正是利用电流的热效应来工作的：电阻焊机有两个电极，焊接的时候，被焊工件被紧压在两个电极之间；当在两个电极间施加电压的时候，电流便会流过工件，使工件接触面及邻近区域产生大量的热；这些热足以使工件熔化或呈可塑性状态，从而使工件较容易与其他金属结合，或较容易实现后续塑造。

被焊工件产生热量的大小取决于它的电阻率、流过它的电流大小以

爱上科学
SHENQI DE DIAN
神奇的电
一定要知道的科普经典
AISHANG KEXUE YIDING YAO
ZHIDAO DE KEPU JINGDIAN

及电流作用的时间。在的电流与时间相等的前提下，电阻率越高的工件越容易产生热。所以，焊接不锈钢更容易产生热，而焊接铝合金却较难，因为不锈钢的电阻率比铝合金要高。

用一万次也不会断的保险丝

一般电路中的保险丝在熔断之后，只能重新接一根新的，熔断一次，重接一次，很是麻烦。有没有一种元器件，它既能像保险丝一样很好地保护电路，又能不损坏自身呢？

有的。这种元器件就叫作自恢复保险丝，也叫万次保险丝，它是热敏电阻的一种。

热敏电阻是一种神奇的电子元器件，它一般由单晶、多晶以及玻璃、陶瓷、塑料等半导体材料制成。热敏电阻具有电阻值随温度变化而显著变化的特性，其中阻值随温度升高而增大的热敏电阻叫作正温度系数热敏电阻器（PTC），阻值随温度升高而减小的热敏电阻叫作负温度系数热敏电阻器（NTC）。

自恢复保险丝一般是PTC，它的电阻值随着的温度的升高而增大。具体来说：当电路正常工作时，接在电路中的热敏电阻温度与室温相近，此时电阻很小，它不会阻碍电流通过。而当电路因故障而出现过强电流时，热敏电阻的温度会迅速上升，其电阻值也会迅速增大。剧增的电阻会阻止电流的增大，使其逐渐回到正常的水平。自恢复保险丝正是利用这个原理来保护电路的。

理论证实：用热敏电阻做成的保险丝能经受上万次的强电流冲击，是名副其实的万次保险丝。

小心，皮电会出卖你的内心！

你有没有听过测谎仪？一个人是不是在说谎，用一种仪器就可以测

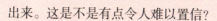

AISHANG KEXUE YIDING YAO
ZHIDAO DE KEPU JINGDIAN
SHENQI DE DIAN
神奇的电
一定要知道的科普经典
爱上科学

出来。这是不是有点令人难以置信？

其实，测谎仪的说法并不准确，准确的说法应该是"心理测试仪"或"生理测试仪"，因为测谎仪测的不是"谎言"本身，而是被测者的心理和生理状态。现代科学研究证实，人在说谎时，心理和生理会出现一些变化，如紧张、出汗、脉搏加快、血压升高等。这些心理和生理的变化有些是能用肉眼看出来的，而有些却只能够通过现代仪器测量出来。这个现代仪器就是测谎仪。

测谎仪一般从三个方面测定一个人的生理变化，即脉搏、呼吸和皮肤电阻（简称"皮电"）。其中，皮肤电阻是测谎的主要根据，理由是它最敏感，能最细微地反映被测者的心理状态。

皮电竟然可以作为测谎的主要根据！很意外吧？它有什么科学依据吗？

有的。我们知道，通常在皮肤较干燥的情况下，人体可以看作一个绝缘体（或不良导体），因为此时人体电阻较大。而当皮肤较潮湿的时候，人体就不能再看作绝缘体了，因为此时人体的电阻已经较小。当一个人有意识地撒谎的时候，在紧张的情况下，他很容易出汗；一出汗，皮肤就会潮湿；一潮湿，皮肤电阻就会下降。此时，如果这个人身上接着测谎仪，那么测谎仪上的感受电阻变化的部件能很灵敏地就捕捉到他皮肤电阻的变化。这样，根据这些变化，我们或许多少就能判断被测者是否在说谎了。

当然，测谎仪测验的结果并不绝对准确，它的本身还存在着诸多问题。但不管怎样，它如今已经作为一种重要手段，被广泛应用在刑侦破案中了。

爱上科学
SHENQI DE DIAN
神奇的电
一定要知道的科普经典
AISHANG KEXUE YIDING YAO
ZHIDAO DE KEPU JINGDIAN

接地了才安全

家里的热水器坏了，爸爸正试图修好它。好奇的小汉波在一旁看着爸爸修理。忽然，他指着热水器后面的一条"长尾巴"，问爸爸："那是什么呀？"爸爸回答说："这是接地线。"

接地线是指将电器与大地连接起来的导线，它是现代各种家用电器，特别是大型家用电器常用的一种设备。接地，是为了将电器中漏掉的电流引入大地，避免人体在接触它时发生触电。可以说，接地线是保障人体生命的安全线。

小小"尾巴"大作用

仔细观察家里的各种大型电器：洗衣机、电冰箱、热水器……你会发现，它们的"屁股"后面无一例外地从长着一根小"尾巴"，这根小"尾巴"就是接地线。小"尾巴"可不是可有可无的，为了将电器中有害的电引走，避免人体触电，它必须接在电器后面。

那么，小"尾巴"为什么能将电引走呢？它是如何做到这一点的？

原来，大地是个导体，其电位为零。人体与大地相连，其电位也为零。电流有一个基本特性，那就是它会从较高的电位流向较低的电位。当家用电器因绝缘破坏或其他原因而不慎将电流漏到电器外壳的时候，外壳带上电，具有较高的电位。假如此时电器外壳是与大地相连的（通过接地线），那么漏出的电流就会从外壳流到大地上，从而达到引导电流的目的。而假如电器没有跟大地相连，那么漏出的电流就会聚集在电器外壳上，当人体接触电器外壳的时候，电流就会全部流入人体内，从而造成触电。

大电阻让电流"改道"

或许你会问：漏电的时候，为什么电流是从接地线流入大地的，而不从人体上流过呢？要知道人体的电位跟大地是一样的啊，都远比电器外壳要低？

这就涉及到接地线电阻的问题。

我们知道，流过导体的电流会受到电阻的阻碍作用。它的大小除跟电压（电位差）有关外，还跟导体本身的材质、长度和横截面积有关。人体基本上也是一个导体，但是它的电阻要远远大于作为金属良导体的接地线。当人体和接地线受到相同电压作用的时候，人体因电阻大而流过一小部分的电流，而接地线则因为电阻小而流过大部分的电流。所以，当人体接触带电外壳时，电流只会从接地线流入大地，而不从人体流入大地。

从中我们也可以得出一个结论：接地线必须是一种金属良导体，且它的电阻值必须在某个规定值以下（这个规定值应远低于人体平均电阻值）；如果超过了规定值，接地便失去意义了。

输电铁塔也要"尾巴"

不仅家用电器后面要有"尾巴"，户外的高压输电铁塔也要有"尾巴"。不过，与家用电器不同，高压输电铁塔的"尾巴"可不是短短的一截，它明眼看起来是两根高高在上的导线，在铁塔的不显眼处才显露它接地的那一截来。

高压输电铁塔的"尾巴"就是高压输电铁塔的接地线，它又叫架空地线。当你抬头眺望高压输电铁塔时，你能看见在铁塔的最顶端有两根拉紧的电线，那就是架空地线了。架空地线位于传输导线的上方，本身并不传输电流，只负责在雷雨天气时，将雷电产生的电流导入大地，从而保证输电线的安全。

架空地线一端与大地牢固相连，当输电线上空出现雷雨云时，雷雨云对地放出的电首先击中架空地线。架空地线将这股强大的雷电流导入大地，保证它不会损坏下方的输电导线。所以，从这个角度来说，架空地线其实相当于避雷针的功能。

此外，架空地线还具有电磁屏蔽的作用，它能够减少由于雷雨云接近铁塔而引起的异常电压的产生。

AISHANG KEXUE YIDING YAO
ZHIDAO DE KEPU JINGDIAN

SHENQI DE DIAN
神奇的电
一定要知道的科普经典

爱上科学

离不了的银行卡

电影院正放着《天下无贼》的电影。画面中，一个劫匪手拿斧头指着火车上的一群乘客，结结巴巴地说道："打劫，IC、IP、IQ卡通通告诉我密码！"观众看到这儿，无不大笑。

引文中观众为什么笑呢？因为这个劫匪实在是一个笨贼，他原本是要打劫银行卡的，却说出不知从哪听来的 IC 卡、IP 卡、IQ 卡。他不知道 IC 卡、IP 卡是有的，但 IQ 却是智商，没有卡。所谓 IC 卡，是一种内部含有集成电路的卡片，可用于商业、交通等各方面；IP 卡是一种用于拨打长途电话的电话卡；而银行卡则专门用来存储、支取金钱。

会"变出"金钱的磁性卡片

现在的人们外出旅游，身上恐怕都会带上一两张银行卡吧。因为出门在外总要花钱啊，要是带上现金的话，一来存放不方便，二来也不安全，容易被小偷偷去（你看连电影中那没有 IQ 的笨贼都知道人们一般不会带现金出门，所以才下意识地要打劫银行卡）。银行卡就不同了，它虽然小得只是一张卡片，它的作用却相当于那一张张的现钞呢。只要有银行或者自助取款机（ATM），只要银行卡里存有足够的钱，这一张小小的

卡片就能"变出"一张张的现钞来。

那么，小小的银行卡是如何实现这一点的呢？

原来，银行卡是一种含有磁性材料的卡片，它的一面印刷有说明提示性信息，如发卡单位、插卡方向等；另一面则有磁层。磁层是一层薄薄的由排列定向的铁氧化物（磁性物质）粒子组成的材料，通过这种材料，银行能将持卡人包括账号、姓名、金额等在内的信息都储存在卡片上。当这种磁性材料与一种叫作磁卡读写器的机器接触时，储存在它内部的信息就被识别出来了。又由于磁卡读写器内存在一个微型计算机，它可以根据持卡人的指令进行包括查询、转账、取款等在内的操作，所以，持卡人能轻易从磁卡读写器里取出现钞来。

自助取款机就是一种磁卡读写器，它与银行的计算机系统联结，当持卡人插入银行卡时，它就能进行相关的识别（账号、姓名、金额等）和操作（查询、转账、取款等）。

没钱也照样消费

有一种银行卡，卡里没钱也照样可以从自助取款机上取钱或者刷卡消费，这种奇特的银行卡叫作信用卡。卡里没钱也照样取钱的行为叫作透支，而刷卡消费则叫记账消费。

信用卡在外形上与普通银行卡没什么两样，它的正面一般印有特别设计的图案、发卡机构的名称及标识，并有用凸字或平面方式印制的卡号、持卡人的姓名、有效期限等信息；卡片背面则主要是储存持卡人相关信息的磁层材料。

信用卡之所以可以透支，是因为持卡人在向发卡单位申请信用卡时，发卡单位已经核实了持卡人的个人信息，相信持卡人具有偿还欠款的能力。透支实际上是欠款，欠款是需要偿还的，而且是加利息地偿还；如果持卡人在规定的时间内不偿还欠款，发卡单位就会根据持卡人的个人信息，追究持卡人的法律责任。

信用卡最大的用途在记账消费上。当顾客从商场购完货物，到收银台结账时，只需将信用卡交给收银员，由收银员把信用卡放在压印机上压印一下，那些凸字就会印在一式三联的单据上，然后持卡人在单据上签字，商店收款员将单据上的签字与信用卡上的签字式样核对相符后，即承认记账消费，持卡人不必另付现金。

强磁场是大敌

银行卡虽然神通广大，可是也很脆弱，因为它上面覆盖着一层磁性材料。我们知道，磁性材料是很容易被消磁的，银行卡被消磁，那也就意味着它里面的储存信息没有了；储存信息都没有了，那银行卡基本上也就相当于一张废卡了。

能使银行卡消磁的场合仍然是磁场，特别是强磁场，所以，千万不要把银行卡放置在强磁场的环境中。有人喜欢将手机、银行卡等物品一起塞在包里，其实这样做是不科学的。因为手机工作时发生的高频电磁波会产生一个强磁场，这个强磁场会把银行卡磁化，使其记录信息紊乱，从而造成银行卡失效。而且，两张银行卡的磁层相互叠在一起，也很有可能造成两张银行卡同时被消磁。

最好的方法是将银行卡放在带硬皮的钱夹里，如果钱夹带有磁性纽扣，银行卡的位置不能太贴近磁性纽扣。千万不要随意将银行卡扔进杂乱的包里，防止尖锐物品磨损、剐伤磁层。同时，应尽可能远离电磁炉、微波炉、电视、电冰箱等可以产生强磁场的家用电器。

商场里的磁铁"警察"

商场里，一名形色可疑的男子匆匆走向未购物通道出口。正当他就要走出通道口之时，"嘟"的一声，身旁的一个报警器响了。可疑男子立刻僵住，神情紧张地看着一旁的商场工作人员。

引文中的男子为什么引起了商场报警器的报警？原来，这名男子正试图将一件未结账的商品带出商场，却被报警器"发现"了。那报警器又是怎样发现这种情况的呢？原来，在那件未结账的商品上隐藏着一个小磁铁，正是这个小磁铁"出卖"了那名男子。

别起歪主意，磁铁在盯着你

在现代的大型超市或商场里，我们经常能看到一些奇形怪状的"门"。这些"门"矗立在商场或超市的出入口和收银处，没有门板，却能很好地阻止有人将未经结账的商品带出商场，就像上文的那名男子一样。

这"门"实际上是商场的商品防盗系统检测器，它利用磁场的一些原理来判断商品是否已经结账。具体来说，商场在对商品上架的时候，都会在商品的内部或外包装上贴上一种含有特殊磁性材料的标签，这种标签叫示踪标签，它相当于一个小磁铁。顾客在购买商品之后，要到收银处结账。这时，收银员会对商品中的示踪标签进行消磁处理，使其不带磁性。消磁后的商品就能顺利地通过商品防盗系统检测器了。如果顾客未拿着商品到收银员处结账并消磁，直接带着商品就出去，那么，这时的商品防盗系统检测器就会检测到商品上的磁性，从而发出警报。

还在用现金？你OUT了，现在流行刷卡。

所以，到商场购物时，可千万别起偷东西的主意，商品防盗系统检测器能轻易识破你的诡计！

都是软磁惹的祸

商品防盗系统检测器确实是一种防盗的利器，可有时候它也会冤枉好人。这不，一位女士穿着一件两个月前就已经结账消磁的皮大衣进入一家商场，还没入门，报警器就响了。结果她被商场工作人员误认为小偷而叫去了办公室。

这是怎么回事？两个月前已经消磁的大衣应该已经没有磁性了啊，怎么报警器还会响呢？

原来，作为示踪标签的磁性材料是分硬磁和软磁的。所谓硬磁，就是磁化后不易退磁的磁体，也叫永磁体；所谓软磁，就是磁化后较易退磁的磁体。硬磁示踪标签通常用钢针固定在服装或鞋帽之类的商品上，结账的时候，用工具拔掉就算达到去磁的目的了。而软磁则相对麻烦，很多时候它是与商品连在一起的，且消磁后还有可能重新带上磁。

上文的那位女士，她的皮衣之所以在两个月之后还能使报警器报警，就是因为软磁示踪标签重新带上了磁。而据分析，软磁示踪标签之所以会重新带上磁，是因为它长时间地靠近电器，被电器生成的磁场磁化了。

电与磁是对"孪生兄弟"

> 1731年，一名英国商人发现，雷电过后，他家的一箱刀叉竟然带上了磁性。这名商人很好奇，但也仅此而已，他没有继续深究下去，这使他失去了成为首个发现电流磁效应的人的机会。

电与磁，就像一对孪生兄弟，它们不尽相同，但却又紧密相连。所谓电流磁效应，就是通电导体的周围会产生磁场，这个磁场的大小和方向是随着电流的变化而变化的。世界上首次发现电流磁效应的人是丹麦物理学家奥斯特。

⚡ 电流让指南针"找不着北"

刘明的生日快到了，在中学教物理的爸爸提前送给了他一个指南针作为生日礼物。爸爸告诉他，指南针这东西很奇妙，不管怎么放它，它的指针总是指着南北方向。刘明原本对这话是深信不疑的。可是有一天，当他把指南针放到爸爸平时做实验用的一个直流电路旁边的时候，他发现出问题了——指南针竟然不再指向南北了，而是指向了别的方向。

这是怎么回事？难道爸爸的话是错的吗？

不是的。指南针之所以会总是指着南北，其实是因为它受到了地球

SHENQI DE DIAN
神奇的电
爱上科学

AISHANG KEXUE YIDING YAO
ZHIDAO DE KEPU JINGDIAN
一定要知道的科普经典

磁场的作用。我们知道，地球是个大磁铁，而指南针也是个小磁铁。地球大磁铁和指南针小磁铁中都有一个南极和北极，其中地球磁铁的北极在地理的南极，而地球磁铁的南极在地理的北极。当指南针没有受到别的磁场作用时，由于磁极间存在着一个同性相斥、异性相吸的关系，指南针的南极总是被地球磁铁的北极（也就是地理南极）所吸，指南针的北极也总是被地球磁铁的南极（也就是地理北极）所吸，所以，我们看到指南针总是指向南和北。

可是，当指南针受到别的磁场的作用时，这种情况就可能发生变化了。刘明的指南针之所以会指错方向，正是因为受到别的磁场作用，这个"别的磁场"就是由电流产生的——电流产生的新磁场比地球磁场强（因指南针就在电流周围），且同样存在着南北极；在新磁场南北极的干扰下，指南针的指针最终偏离了原来的方向。

细铁屑显露磁场的"身影"

看来，电流周围存在磁场，这已经是不争的事实了。可是，我们怎么才能判断出这个磁场的方向呢？

我们还是拿小指南针来说明吧。将小指南针放在通电直导线周围的不同位置，小指南针的北极在磁场力的作用下，会指向不同的方向。科学家规定，在磁场中某一点上，小指南针北极的指向就代表这一点的磁场方向。

如果我们用无数的细铁屑来代替小指南针，我们能看得更加直观。例如，将一根通电直导线垂直穿过一块硬纸板，在纸板上均匀地撒上一层细铁屑。由于磁场对细铁屑具有使其带上磁性的磁化作用，细铁屑都成了一枚枚细小的"小磁针"。轻敲纸板，"小磁针"就在磁场的作用下转动。当它们停下来的时候，最终排列成一圈又一圈以直导线为中心的曲线。这些同心圆曲线就是磁场存在的最直观反映，而曲线上任意一

AISHANG KEXUE YIDING YAO
ZHIDAO DE KEPU JINGDIAN

SHENQI DE DIAN
神奇的电

爱上科学

一定要知道的科普经典

点的切线方向就是该点的磁场方向。

电流不同，磁场也不同

刘明是在爸爸的指导下，明白指南针出现偏差的原因的。可是他还有一个问题不明白，那就是：此前指南针有几次是放在家里的电线旁的，那些电线也有电啊，为什么那时指南针的指针又不会出现偏差呢？

原来，电流产生的磁场是随着电流的变化而变化的。电流有两种，一种是直流电，它的方向和大小是恒定的；另一种是交流电，它的方向和大小是会做周期性变化的。家里用的电基本上是交流电，它也会产生磁场，但是这个磁场的大小和方向是一直在做快速变化的，且一直在相互抵消。所以，即便它对指南针有作用，但这个作用在快速的变化和抵消中也体现不出来。而直流电则不同，它的大小和方向是固定的，所以由它产生的磁场的大小和方向也固定。在这个固定磁场的作用下，我们能清楚地看到指南针指针的变化。

磁场总是追着电流

> 调皮的澄澄拿着从旧音箱里拆下来的一个大喇叭，蹦蹦跳跳地在客厅里玩耍着。眼见他就要靠近电视了，在一旁看电视的爸爸立刻阻止了他："嘿，澄澄，你可不能靠近电视，大喇叭会将电视弄花的。"

引文中澄澄爸爸为什么不让澄澄拿着音箱上的大喇叭靠近电视呢？难道他担心澄澄会用大喇叭刮花电视吗？当然不是的！爸爸是担心大喇叭里面的大磁铁会干扰电视的正常工作，因为磁场总是追着电流，对电流产生一个作用力，这个作用力就叫作安培力，它是为纪念法国物理学家安培而命名的。

磁场弄"花"了电视

我们知道，通电线圈的周围是会产生磁场的，这个磁场的磁场力会穿透电视机的屏幕，直达显像管内部。抽掉了空气的显像管中，有一束促使形成图像的电子流，电子流打在荧光屏上，使荧光粉发光而形成图像。所谓电子流，其实可视为流过空间的一股电流。由于受到磁场力的作用，这股电流会偏离原来行进的方向，从而引起图像失真走样。

不管是磁铁产生的磁场，还是电流产生的磁场，只要是这个磁场靠

近电视屏幕，就会引起电视画像的失真，长此以往，会折损电视机的寿命。所以，为了保护电视，我们应该尽量不让磁性物质靠近电视。

喇叭也得靠磁场

喇叭是使电视机屏幕变花的"罪魁祸首"，可是你知道吗？其实喇叭本身也是依靠磁场对电流的作用原理工作的。

喇叭学名叫扬声器，它有三个最主要的构件：音圈、永磁体、振动膜。音圈是能够导电的线圈，它置于永磁体的南北极之间；振动膜与线圈相连，正是它的振动产生了最终的声音。当喇叭工作的时候，音圈会通过一段交流电，这时，永磁体的磁场会对这个交流电进行作用，于是，音圈便在磁场中振动起来。由于音圈是与振动膜相连的，音圈一振动，振动膜也会作出波形与其相同的振动，最后产生我们所听到的声音（声音源自发声体的振动）。

让家电离磁场远点

在一间面积不大的卧室里，摆放着各种各样的电器：电视机、空调、冰箱、电脑、收音机、音响……或许你下意识里会觉得，这卧室的主人也太会享受了，将生活中要用到的各种电器都安排在了自己的身边。其实，这样的设计是糟糕透顶的。

因为我们知道，家电是会产生磁场的，不说这些磁场会对人体的健康带来隐患，就说它对家电自身的影响，那也是很不利的。以电冰箱为例，它在工作时，会产生一个强大的磁场，这个磁场会干扰到它附近其他家用电器的正常工作。例如，电视机在距离电冰箱 1.5 米的范围内，画面就会因电冰箱的磁场干扰而失真。此外，空调器在距离电视机 1 米范围内，也会造成电视机画面失真。还有各种带大磁铁的音响设备，它们也不能离电视或其他家电太近，否则也会影响它们的正常工作。

AISHANG XEXUE YIDING YAO
ZHIDAO DE KEPU JINGDIAN

SHENQI DE DIAN
神奇的电

爱上科学

一定要知道的科普经典

万能的电磁铁

> "喔，成功了！我终于做成电磁铁了！"科学迷赵兵一脸兴奋地看着爸爸，手里还拿着一枚缠绕着一圈又一圈导线的大铁钉，大铁钉的一头正吸附着几枚小图钉。

什么是电磁铁？简单地说，电磁铁就是一枚铁芯（可以是 U 形的，也可以是圆柱形的）缠绕上一匝又一匝密集的线圈，当给线圈通电时，铁芯便因电流产生的磁场而磁化为带磁体，就像磁铁一样。你可别小看这简单的电磁铁，它的用途可广泛了，甚至可以毫不夸张地说：电磁铁就是万能的！

 电铃响叮当

"叮咚！"你们家的电铃响了。这时，你会立刻想到去开门，但恐怕丝毫不会想到为什么电铃会突然响起？它又是怎么响的？

其实，电铃就是依据电磁铁的原理制作而成的。

电铃有各种不同的大小和样式，但其基本构造是一致的——主要由电磁铁（铁芯一般是 U 形的）、弹簧片、螺钉、衔铁、小锤和铃钟构成，其中，小锤是用来击打铃钟的，而正是它的击打使电铃发出了声音。

如上页图所示，电铃安装在一个微型电路中。当有人按下电铃开关时，

这个微型电路会导通，形成一个通路。这时，电磁铁就会因电流通过而带上磁性。带上磁性的电磁铁吸引连接在弹簧片上的衔铁，使其带动一端的小锤击打一下铃钟，铃钟发出声音。带动小锤击打铃钟后，衔铁势必离开原本与它连接构成通路的螺钉，这样，原来的通路又变成了断路，电磁铁的磁性消失。电磁铁的磁性消失后，衔铁在弹簧弹力的作用下，又回到了与螺钉连接处，再次构成通路。如此反复再三，衔铁上的小锤反复地击打铃钟，直到按铃人停止按动、微型电路再次断开为止。

防汛报警器

　　每年七八月份的时候，我国的中东部地区就进入防汛期，江河湖泊的水位常常因大量降雨而超越警戒线。作为主管防汛的工作人员，他们是如何第一时间知道水位超越警戒线的呢？靠人力去现场观察吗？

　　显然不是的，那样做就太低效了。他们是借助防汛报警器来获得水位上升信息的。

　　防汛报警器其实利用的也是电磁铁的原理。如右图便是防汛报警器的工作原理图，其中 K 是一个接触开关，B 是一个漏斗形的竹片圆筒，里面有个浮子 A。当水位上涨超过警戒线时，浮子 A 会上升，使控制电路接通。控制电路连接着一个电磁铁，当电流通过电磁铁时，电磁铁便会吸下衔铁，同时连通下方接有报警器指示灯的电路。报警指示灯一亮，工作人员便知道水位上升了。

电磁跷跷板

　　跷跷板我们都玩过，那是两个人坐在长杆两端上下摆动的游戏。能不能让小猫和小狗也来玩跷跷板呢，而且，完全自动地让小猫小狗在跷跷板中摆动？

　　那一定很有趣！其实，利用电磁铁就能轻松实现这一点。

找一个大的铁芯，在它的上面缠上一圈圈导线；导线与一个可绕光滑转轴上下起摆的轻质杆及电源相连，构成一个简单的电路。将重量相近的一只小猫和小狗分别放在轻质长杆的两端（当然，你必须想办法让小猫和小狗老实地配合你的工作），当小狗一端下落时，两触点接触，电路构成通路，由大铁芯做成的电磁铁因电流而产生磁性，开始吸引衔铁下落。衔铁下落了，小猫一端自然也跟着下落，于是两触点再次断开，电磁铁因电路断路而失去磁性；这时，在小狗重力的作用下，小狗端再次下降。如此反复不停地上下摆动。

　　这就是神奇的电磁跷跷板，它能在完全自动的情况下让小猫和小狗实现上下摆动。当然，如果你觉得小猫小狗不好控制，你也可以用两个没有生命的东西代替，只要它们的质量不相差太远就行。

电磁除杂机

　　电磁铁还有一种用途，说起来也很有意思：它能在农业上帮助农民除掉作物种子里的杂草种子，是个有趣的"电磁除杂机"。

　　杂草种子上有绒毛，能够黏在从旁边走过的动物的毛上——正因如此，它们能够散布到离母体植物很远的地方。农业技术员正是利用杂草这种在几百万年的生存斗争中养成的特性来去除杂草种子的。

　　具体是这样的：农业技术员在混有杂草种子的作物种子里撒上一些铁屑，铁屑就会紧紧地黏在杂草种子上，却不会黏在光滑的作物种子上。这时，如果拿一个力量足够强大的电磁铁作用在混合种子上，混合着的种子就会自动分开，分成作物种子和杂草种子两部分。电磁铁从混合物中把所有黏有铁屑的种子都捞了出来，最终实现了去除杂草种子的目的。

爱上科学
SHENQI DE DIAN
神奇的电
AISHANG KEXUE YIDING YAO
ZHIDAO DE KEPU JINGDIAN
一定要知道的科普经典

磁 "生出" 电来了！

　　来做一个有趣的小实验吧：将一个金属线圈用工具悬挂起来，线圈的下边放在一个U形磁铁开口的中央，上边用两根导线接在一个电流计上（五金店很容易买到哦）。当用手左右移动线圈的下边时，电流计上的指针竟然动了——这说明产生电流了！

　　喔，真神奇，原本没有电的线圈竟然也有电流！那么这个电流是怎样产生的呢？其实这个问题早在100多年前就被大科学家法拉第解决了。法拉第通过实验发现：闭合线圈在磁场中做切割磁力线运动时，线圈中会产生电流，这就是电磁感应现象。电磁感应现象简单地说就是磁生了电，它是电与磁两面一体、不可分割的又一例证。

电磁感应玩的小把戏

　　磁铁会吸引铝吗？不会，这是谁都知道的事情，它只会吸引钢铁等铁磁类物质。可是，假如你将一根条形磁铁竖着放在一枚铝制的一角硬币表面上方（别接触），然后迅速向左方移动，你会发现：硬币好像被磁铁吸引似的，也突然地朝左方移动。

　　这是怎么回事？磁铁不是不能吸引铝吗？

SHENQI DE DIAN
神奇的电
一定要知道的科普经典
AISHANG KEXUE YIDING YAO
ZHIDAO DE KEPU JINGDIAN
爱上科学

原来，这是电磁感应为我们玩的一个小把戏。

硬币，在理想情况下，我们可以将之视为有宽度的导线，也就是线圈。这个"线圈"在磁场中做切割磁力线运动时，也会产生电流，这个电流就叫感应电流。当将一根条形磁铁在硬币上方向左移动时，其实是相当于磁铁静止不动，硬币朝着向右的方向移动。既然硬币"移动"了，那么自然就会切割磁力线；切割了磁力线，就会产生感应电流。

感应电流在磁场中会生成一个电磁力，这个电磁力的方向正好与磁铁的运动方向一致。所以，当磁铁在硬币上方向左移动时，硬币好像被磁铁吸引一样，也跟着向左移动。

假如你将磁铁向右移动，那么硬币也会跟着向右移动；同样，假如你将磁铁倒过来，用另一个磁极对着硬币，然后移动，那么硬币同样会做与磁铁移动方向一致的移动。因为不管用磁铁的北极还是南极对着硬币，电磁力的方向始终是与磁铁运动方向一致的。

专治懒人的电磁闹钟

相信很多人都曾有过这样的经历：清晨被闹钟叫醒了，起来将闹钟关闭后，睡意依然很浓，于是在睡眼惺忪中，又下意识地躺回了被窝里，想着眯一会儿后再起床，结果却是再次进入梦乡！

闹钟已经响了，却丝毫没有起到催人起床的效果，这对闹钟来说，是不是也算一种失败呢？要是有一种能专门治服懒人这种懒性的闹钟就好了。

现在可好了，聪明的发明家已经将这种有趣的闹钟制造出来了，它就是电磁感应闹钟。电磁感应闹钟是一种环保的闹钟，它不用电池，靠电磁

爱上科学

SHENQI DE DIAN
神奇的电

AISHANG KEXUE YIDING YAO
ZHIDAO DE KEPU JINGDIAN

一定要知道的科普经典

感应生成的电能来驱动时针走动。为了生成感应电流，使用者需要来回摇晃闹钟，使得装在里面的线圈在磁场（由一块磁铁提供）中做切割磁力线运动，从而生成电流。生成的电流会储存在闹钟中的一个特殊蓄电装置中，它供闹钟工作一定时间，等用完了再利用相同方法生成。

当清晨到了预设的时间后，闹钟会响起。此时，使用者要想关闭闹钟，再也不是简单地一扳按钮就行了，他必须不停的摇晃闹钟，直到将电力充满至足以再运转一天为止。在这不停的摇晃中，摇晃者的睡意都被抛到九霄云外去了，这时他再想睡懒觉，恐怕也不能了。

一边转魔方一边发电

电磁感应原理还能应用到各种小玩具中，比如说魔方充电器。

魔方相信每个人都听过，很多人也玩过，可是能当充电器的魔方，恐怕没有几个人听过吧？其实，这种新奇的玩具在外形和游戏玩法上跟普通魔方也没有什么两样，就是由各种颜色的小格子组合成正方体的六个面，使用者在玩时，只要把各个面上的小格子转动成同一个颜色就行了。

魔方充电器与普通魔方最大的不同就是它具有发电的功能。它是怎么做到这一点的呢？

原来，魔方充电器内有一个电磁感应发电装置和蓄电池。当使用者玩魔方的时候，伴随着每一次转动，电磁感应发电装置内的微型线圈会做切割磁力线运动，从而产生感应电流。这个感应电流能通过能量转换储存在蓄电池中，等需要用时，它再通过一个接口（USB接口）导出来。

魔方充电器能生成的电是有限的，不过，你也别小看这有限的电，它还能为手机、MP3 等电器设备提供充电服务呢！而且，随着技术工艺的改进，以后它还能用在更大型的电器设备上！

SHENQI DE DIAN
神奇的电
一定要知道的科普经典
AISHANG KEXUE YIDING YAO
ZHIDAO DE KEPU JINGDIAN
爱上科学

悬浮在半空的列车

坐在从上海浦东国际机场开往龙阳路的磁悬浮列车上，兴奋的小浩波一刻也没有安静。他一会儿望着车窗外的景色指指点点，一会儿又缠着爸爸给他讲磁悬浮列车的知识。

磁悬浮列车是一种靠磁的吸力和排斥力作为动力的列车，列车运行时，与轨道完全不接触，就像是悬浮在空中一样。磁悬浮列车没有轮子和传动机构，列车的悬浮、导向、驱动和制动都是利用电磁力来实现的。目前的磁悬浮列车最高时速已经超过 500 千米，随着技术的进步，这一速度还将不断上升。

摩擦小，所以速度快

假如你家住在西安，你要到 1000 多千米外的首都北京去。如果坐普通轨道列车的话，加上中途停站的时间，你可能需要 12 个小时。而假如在北京与西安间开通一条磁悬浮列车线路，那么乘坐这趟磁悬浮列车，你只需要不到 3 个小时，跟飞机差不多！

很神奇吧？这就是磁悬浮列车的魅力，它能让曾经遥远的距离变得不再遥远！

那么，为什么磁悬浮列车能行驶这么快呢？

最主要的原因是磁悬浮列车不与地面接触，大大地减少了前进时遇到的阻力。我们知道，普通的列车都是有车轮和铁轨的，在前行时，车轮与铁轨间会产生很大的摩擦力，这个摩擦力会大大地阻碍列车向前。而磁悬浮列车却完全不同，它没有车轮，与地面并不接触，只是在一个强大磁场力的作用下，悬浮于轨道上空，从而大大减少了地面的阻力。

磁悬浮列车实际上是依靠电磁吸力或电动斥力将列车悬浮于空中并进行导向，然后利用电机驱动列车前行。因为与地面轨道间无机械接触，因此列车电机输出的能量大部分都用来牵引车体，而不必消耗在无谓的摩擦上，所以，磁悬浮列车比普通轨道列车更快。

磁铁让它悬在半空

磁悬浮列车具体又是如何让自己悬浮在半空的呢？

原来，由于磁铁有异性相吸和同性相斥两种形式，故磁悬浮列车也有两种相应的形式：一种是利用磁铁异性相吸原理设计而成的磁悬浮列车，即在车体底部及两侧倒转向上的顶部安装磁铁，在 T 形导轨的上方和伸臂下方分别用反作用板和感应钢板控制电磁铁的电流，使电磁铁和导轨间保持 1 厘米的间隙，并使导轨钢板的吸引力与车辆的重力平衡，从而使车体悬浮于车道的导轨面上运行。另一种是利用磁铁同性相斥原理设计的电磁运行系统的磁悬浮列车，它是利用车上超导体电磁铁形成的磁场与轨道上线圈形成的磁场之间所产生的相斥力，使车体悬浮运行。

磁悬浮列车利用"同名磁极相斥，异名磁极相吸"的原理，让列车拥有抗拒地心引力的能力，从而使车体悬浮在距离轨道约 10 厘米处腾空运行，创造了近乎"零高度"空间"飞行"的奇迹。

超导让它与飞机并行

托举并引导磁悬浮列车的强大磁场力是由电流产生的，而引导电流的载体有常规导线和超导导线两种，所以相应地，磁悬浮列车也有常导和超导两种模式。常导就是用常规导线产生电磁，超导则是利用超导材料产生电磁。

研究表明：当一些导体的温度降到接近绝对零度（-273.15℃）时，电阻会消失。这就是物理学上的超导现象。电阻的消失，意味着电流可以畅通无阻，而电流的畅通无阻则意味着可以产生很强大的磁场——据测算，用超导体产生的磁场，其强度可以超过普通人工磁场的几万倍！

假如我们用这样的强磁场去托举、引导磁悬浮列车，那么磁悬浮列车还会掉下来吗？磁悬浮列车还不像飞机一样在地面上风驰电掣？

想象一下这样的情景吧：在宽阔的原野上，时速达 800 千米的磁悬浮列车带着你飞驰。你抬头看了一下窗外的天空，突然发现头上正飞行着一架飞机。那飞机一刻不停地在飞行，却始终飞不出你的视野，始终"停留"在你的头顶——多么神奇，你竟然可以在陆地上与高空的飞机并行，再也不用像小时候那样眼巴巴目送着飞机在你头顶上呼啸而过了！

科学小常识

不断提速的高速列车

现在世界各国都在发展高速列车。高速列车是指最高行车速度每小时达到或超过200千米的铁路列车。世界上最早的高速列车为日本的新干线列车，1964年10月1日开通，最高时速达443千米，实际运营速度可达270千米或300千米。此后，许多国家相继修建高速铁路，列车运行速度也一再提高。2011年6月30日，中国最新高速列车——京沪高铁正式开通运营，设计时速达380千米。

电磁波大家族

周琦呆呆地望着天空，他始终想不明白，为什么爸爸说：天空就像一个不平静的湖面，它处处涟漪着电磁波的波纹——电磁波在哪，我怎么一点都感觉不到？

相信跟引文中的周琦一样迷惑的还有你。这也难怪，电磁波在大多数情况下是看不见也摸不着的，对这"无影无踪"的神秘物质，我们自然毫无头绪。不过，电磁波也并不是与我们的感觉器官完全绝缘，每天我们还是能看到它的。比如说光线，它就是一种电磁波。电磁波包括无线电波、X 射线、γ 射线、紫外线、红外线、可见光等。

多数电磁波人眼无法识别

电磁波在我们生活中的应用可太多了：我们每天看到的电视节目、收听到的广播节目都源自于电磁波；手机因为有电磁波而能相互通信；医院经常用 X 射线给病人检测……

电磁波与我们这么贴近，可是，为什么除了光线，大多数的电磁波我们都看不见呢？

要回答这个问题，我们先要了解电磁波形成的原理。我们知道，电与磁是一对"孪生兄弟"，电流会产生磁场，变动的磁场也会产生电流。

变化的电场和变化的磁场构成了一个不可分离的统一的场，这就是电磁场。电磁场是会向周围的空间作能量传播的，这种传播的形式就是电磁波。电磁波有一个频率和波长，根据波长和频率的不同，它可分为 γ 射线、X 射线、紫外线、可见光（紫、靛、蓝、绿、黄、橙、红）、红外线、无线电波（微波、超短波、短波、长波）等，波长由短到长，频率由快到慢，各自有不同的性质和用途。

经科学家测算，γ 射线的波长短于 0.02 纳米（1 纳米 =10–9 米）；X 射线的波长是 0.01~10 纳米；紫外线的波长是 10~400 纳米；可见光的波长是 380~780 纳米；红外线的波长是 760~1000000 纳米；无线电波的波长是 0.3 毫米 ~3000 米；而人眼能识别的波长范围一般是 380~780 纳米，所以，人眼能看到可见光，却看不到其他的电磁波。

能穿透箱子的 X 射线

每次在进火车站、飞机场入口时，工作人员都要求你将包裹行李放到检查仪上，这就是安全检查。安全检查仪很神奇，它隔着箱子也能检查出里面是否有违禁物品。那么，你知道它是如何做到这点的吗？

秘密就在于 X 射线。X 射线是一种电磁波，它的波长短于紫外线的波长，一般不超过 1 纳米。这就使得 X 射线的性质不同于可见光，普通的可见光只能把水、玻璃等透明的物体穿透，而 X 射线却能把纸板、木材、布等不透明的物体穿透。而且，X 射线穿透各种物体的本领不太相同，对于较轻原子组成的物体，X 射线毫不费力就能穿透，被吸收掉的很少。而随着组成物质的原子量的加重，它们吸收的 X 射线也越来越多。旅客所携带行李中的各种物品由于具有各不相同的原子密度，所以它们吸收 X 射线的程度也就有所差别。在安全检查仪里，当 X 射线扫过这些物品时，由于它们有的吸收 X 射线多一些，有的吸收 X 射线少一些，就有深浅程度不同的影像在荧屏上显现出来。根据各种物品在荧光屏上所呈现的影

像的不同，安全检查人员就能进行对照分析，从而作出里面是否藏有违禁物品的判断，及时将违禁物品检查出来。

红外耳温枪

在一些医院，有时候医生会用一根有点像枪的仪器对准病人的耳朵。这是怎么回事呢？

原来，这是医生在给病人测量耳朵温度，用的仪器叫耳温枪。耳温枪是人们对电磁波的又一大利用。不过，这次用到的是红外线。

由于人体内部也有带电粒子的运动，所以人体也会辐射电磁波，这个电磁波在波长范围上看，大多属于红外线。人体的红外线辐射能量的大小与它的表面温度有着十分密切的关系。因此，通过对人体自身辐射的红外能量的测量，便能准确地测定它的表面温度。这就是利用耳温枪可以测量体温的理论依据。

耳温枪的构造中有一个最重要的红外线传感器，当它靠近耳朵的鼓膜时，会接收鼓膜发出的红外线，然后，耳温枪中的另一个重要构件——微型计算机会对红外线光谱进行分析，通过分析就能得出鼓膜的温度了。

科学小常识

用途广泛的X射线

作为电磁波家族中的一名重要成员，X射线在医学上也有着广泛的应用。在临床上，医生们常用X射线来进行透视和摄片，它是重要的临床辅助诊断方法之一。此外，X射线在工业上也有广泛应用，如为保证工业材料的质量合格，工人们常用X线来进行探测。如果材料内有不允许的缝隙，那么X射线能一目了然地将它显示出来。

爱上科学
SHENQI DE DIAN
神奇的电
一定要知道的科普经典
AISHANG KEXUE YIDING YAO
ZHIDAO DE KEPU JINGDIAN

空中的电波

新闻联播的时间到了，每到这时，爷爷就会抱着他那台已经有点破旧的收音机，一边品茶，一边听节目。这是他多年养成的老习惯了，要是离了收音机，恐怕一时还适应不了呢！

收音机，作为一种传播信息的工具，它是利用电磁波来进行工作的。在收音机工作过程中，电台首先将声音信号转变为电信号，然后将这些电信号搭载在电磁波中，由电磁波向周围空间传播。当在另一个地点的收音机接收到这些电磁波后，收音机会将这些电信号还原成声音信号，从而使人们听到相关的节目。

 **晚上比白天收台多**

如果你经常收听广播，你一定会有这样的感受：收音机晚上收到的台比白天可要多啊。

确实是这样的，收音机收台的能力在白天和夜晚确实存在着差异。可是，为什么会出现这种情况呢？

原来，这跟电磁波的传播方式有关。电磁波的传播方式有三种：一是在地面传播，我们将这种电磁波称为地波；二是在天空中依靠电离层反射来传播，我们称为天波；三是依靠直线传播的微波（波长 0.001~1 米）。

一般收音机能收到的电磁波主要是短波（波长 10~100 米）和中波（波长 100~1000 米），其中，短波主要是以天波形式传播的，而中波则身兼天波和地波传播。收音机收台的能力之所以在白天和夜晚存在差异，主要是因为电磁波（短波和中波）在以天波形式传播时，经电离层反射回地面的量存在差异。

那么，为什么电磁波的量会存在差异呢？为了解开这个谜团，我们还是要先来了解一下电离层。我们知道，在地球表面的上空存在大气层，在大气层大约 50 千米到几百米的范围内，一部分中性气体分子受到太阳光的照射后会发生电离，分解成为带有正电的离子和带有负电的自由电子，这层大气层就叫电离层。电离层对不同波长的电磁波有着不同的特性，对波长小于 10 米的超短波可以毫无阻挡地让它通过，直奔向茫茫的太空；对波长超过 3 千米的长波，电离层基本上把它吸收掉；而对于中波和短波，电离层在吸收的同时，还能像镜子一样将其中的一部分电磁波反射回地面。

白天，由于电离程度高，电离层对电磁波的吸收能力强，因此反射回地面的电磁波的量就少；而到了夜晚，由于缺乏光照，电离程度降低，电离层对电磁波的吸收能力也变弱，此时反射回地面的电磁波就多。因此，夜晚收音机收台往往比白天多。

最怕电磁干扰

窗户外在装修，窗户内的爷爷在收听广播。要命的是，窗户外那"吱吱呀呀"的电锯声不时地透过窗户传进爷爷的屋里，吵得爷爷无法安心；而且更要命的是，那"吱吱呀呀"的电锯声好像有魔力，它"传染"得收音机也不时地发出"咯吱咯吱"的声音。无奈之下，爷爷只好关了收音机。

爷爷可真够烦心的。其实，这是日常生活中较常见的电磁干扰现象，它能使得收音机、电视机等依靠电磁波工作的家用电器不能正常地工作。具体来说，那些行驶中的汽车、运行着的电机、工作中的家用电器等用电物品（我们称为"干扰源"），它们会发射出各种不同频率的电磁波，当这些电磁波窜入到附近的收音机或电视机中时，就会对原来的广播或电视信号产生不同程度的干扰，从而破坏了它们的正常工作。

电磁干扰是很难消除的，为了避免影响，我们只能让收音机或电视机尽量远离干扰源。

收音机也能"看"电视

电视机用来看电视，收音机用来听广播，这是人所共知的常识。可是有这么一些收音机，它不仅可以收听电台的广播节目，还可以收听电视台的电视节目，这个你听过吗？

其实这说的是电视伴音收音机。电视伴音收音机利用特殊的技术，将电视节目的声音加载到收音机中，使得人们看不到电视画面也能了解到电视节目，就像"看"现场直播一样。

电视节目的伴音是以调频波（FM，一种按需要调制了频率的电磁波）的形式调制在电视信号中的，在电视机中再经有关电路分离出来，经电路放大再送到喇叭还原成声音。电视伴音收音机的原理与此类似，它接收的也是调频波，在将调频波用放大电路放大后，经由喇叭放出声音。

收音机广播可分为调幅广播（中波、短波）和调频广播（调频波）两种，通常情况下，只有调频广播才能收到电视伴音，调幅（中波、短波）收音机是收不到电视伴音的。

AISHANG KEXUE YIDING YAO
ZHIDAO DE KEPU JINGDIAN

SHENQI DE DIAN
神奇的电
一定要知道的科普经典

爱上科学

电 视：视觉盛宴的源泉

"爸爸，快！球赛开始了！"马强朝卧室里的爸爸喊道。爸爸迅速走出卧室，坐到了电视机前的沙发上。父子俩球迷，就这样围坐在电视机前，度过了他们的又一个"足球世界杯"之夜。

电视，作为现代家庭中最常用的电器，对我们的作用实在是太重要了。因为有了电视，我们能观赏到各种精彩的电视剧、文艺节目或体育比赛，也能了解到各种有用的信息。电视的基本原理其实跟广播差不多——也是依靠电磁波来传递信号，只不过电视的信号除了声音外，还比广播多了一种图像信号。

有如身临其境的现场直播

球迷们在电视机前看比赛看得兴奋激动，而在遥远的赛场上和电视台中，工作人员却也忙得不亦乐乎——他们要将比赛的过程，以图像和声音的形式实时地呈现给观众，也就是说，他们要对比赛过程进行现场直播。

那么，他们是如何实现现场直播的呢？

其实很简单：每一个电视台都至少有一台用来现场直播的转播车，

爱上科学
SHENQI DE DIAN
神奇的电
一定要知道的科普经典
AISHANG KEXUE YIDING YAO
ZHIDAO DE KEPU JINGDIAN

以及匹配的录音、摄像设备。当比赛进行时，工作人员用这些录音和摄像设备对比赛现场进行录音、摄像，获得声音信号和图像信号；这些声音信号和图像信号在经相关设备进行处理后，会转换成电信号；电信号又会搭载在电磁波中，经电视台的发射天线发射后，传播到周围的空间。当电磁波抵达用户的电视机时，因电视机中有一种能够接收电磁波的装置，所以，它会立刻对电磁波进行接收，同时将搭载在其中的电信号还原成声音信号和图像信号，最后通过屏幕和喇叭呈现出来。

除了现场直播，其实电视制作中还有一种录播的形式，它是先把节目录下来，然后通过电磁波传播给观众，它是非实时的。

先选频道，后看节目

球迷们要看比赛直播，打开电视后，首先要先选频道，因为谁都知道，不是什么频道都放体育节目的啊，像戏曲频道就从来不会播这样的节目！

那么，这选频道又是怎么回事呢？让我们先从收音机的选台说起吧。

当你用收音机听广播时，打开开关就要选台。你转动调谐旋钮，指示标会跟着向左右移动；当指示标指到某一频率上时，喇叭中就听到了这一频率的电台播音；换另一个频率，我们又可听到另一频率的电台播音。这就是收音机的选台，又叫作调谐。

听广播之所以要调谐，是因为不同的电台在播送节目时，发射天线发射的电磁波频率是不同的，只有使收音机调谐回路（收音机内的一个电路）的频率与电台发出的电磁波的频率一致，也就是当指示标指向了代表该电台的频率时，我们才能听到该电台的节目。

同样的道理，电视台发射的电磁波，其频率是各不相同的；频率不同，其搭载的电视信号（声音和图像）自然也不同。我们把电视信号各不相同的频率范围，称为频道。每一个电视频道，其频率范围都是固定

爱上科学
SHENQI DE DIAN
神奇的电
AISHANG KEXUE YIDING YAO
ZHIDAO DE KEPU JINGDIAN
一定要知道的科普经典

的，比如说，在北京地区，中央电视台 1 台（CCTV-1）发射的电磁波的频率范围为 56.5~64.5 兆赫；而中央电视台 2 台发射的电磁波频率范围则为 182~191 兆赫。

也就是说，每一个电视台的每一个频道都在以一种固定的频率发送电磁波，而现实中，电视机能接收不同频道的电视信号，却不能同时接收这些电视信号。所以，要想看哪一个频道的电视节目，首先要选择这个频道。

转播总要慢零点几秒钟

每天晚上 7 点，打开电视机收看中央电视台的《新闻联播》，CCTV-1 在现场直播，同时各省、自治区、直辖市的卫星频道也在同时转播。如果你仔细观察，你会发现：各省区市转播的节目往往要比 CCTV-1 播放的节目延迟零点几秒的时间。这是怎么回事呢？

原来，家中的电视信号一般是经由天上的通信卫星传播的。携带电视信号的电磁波从地面到卫星再传播到地面需要一定的时间。各省区市卫星频道转播 CCTV-1 的《新闻联播》，它们是先接收 CCTV-1 的节目，经过处理后，再发送到通信卫星的转发器上，然后由转发器向地面的各家用户传送。由于通信卫星距离地面一般有几万千米，电磁波经过这段距离需要一定的时间，所以会延迟。一般来说，延迟也就零点几秒钟的时间，但如果你足够细心，这零点几秒钟的差距还是能够观察出来的。

现代人的沟通工具：手机

一场突如其来的大地震，让许许多多的人陷入了险境。远在震区之外的亲人们，第一时间用手中的手机追寻各自亲人的下落。手机，已成为现代人最重要的信息沟通工具！

手机又叫移动电话，它与一般家用的固定电话不同。家里的固定电话一般都是由机座、通话筒以及连着机座的电话线 3 部分组成的，而手机外形小巧，只有手掌大小，没有机座，也没有电话线，只有一个由显示屏、数码键和通话器组成的机身。显示屏用来显示，数码键用来拨号，而通话器则主要用来通话。

移动电话为何能"移动"

以前在家里用固定电话打电话，只能固定在一个狭小的地方，想在打电话的同时去拿些纸笔什么的都不行，可真是够不方便的。现在可好了，有了可移动的手机，你想走着打也行，躺着打也行，甚至跑着打也行，真是太方便了！

那么，手机为什么能够移动呢？

这与它信息的传播方式是有关的。我们知道，手机是依靠空中无形

爱上科学
SHENQI DE DIAN
神奇的电
AISHANG KEXUE YIDING YAO
ZHIDAO DE KEPU JINGDIAN
一定要知道的科普经典

的电磁波来传递信号的，它不像固定电话那样只能依靠有形的电缆来传递信号。而手机之所以能够用电磁波来传递信号，又与它背后有着一个极严密的通信网络密不可分。这个通信网络是由一个个规则的正六边形区域组成的，这些正六边形区域就像一个大大的蜂窝，所以人们又将它称之为蜂窝网络。蜂窝网络内的每一个正六边形区域都设有一个基站，专门用来接收和发射手机的电磁波信号。

基站就像一个电话总机，它有 3 个 120° 的扇形天线，每一个都像一位耳目灵敏的话务员，它们各管几十条无线电"线路"，可以接通 360° 内的每条通话线路。当人们要使用手机时，手机中的微型计算机系统会自动把号码"告诉"它所在区域的"总机"；"总机"通过线路"报告"给城市的电话交换局；电话交换局接通城市电话网，于是，拨打和接听手机的双方就能够通上电话了。

电话交换局不仅负责接通城市电话网，还负责随时监测电话行踪，并根据电话所在区，分配给手机以相应的通话频率。当手机从一个区域随着主人转移到另一个区域时，扇形天线这个"话务员"就会立即改变电话频率，把通话任务及时交给另一个区域。因此，无论手机在哪个通信区域，只要这个区域的信号是正常的（信号没有被屏蔽），就都可以通话。

AISHANG KEXUE YIDING YAO
ZHIDAO DE KEPU JINGDIAN

SHENQI DE DIAN
神奇的电

爱上科学

一定要知道的科普经典

乘客请关机，飞机就要起飞了！

每次乘坐飞机出行时，在飞机起飞前，空中服务人员都会提醒乘客：关掉手机以及严禁使用电脑、收音机等电子类产品！如果你不了解缘由，或许你会觉得空中服务人员的要求不近情理，但是只要你了解了缘由，你就会赞同他们的做法了。

原来，飞机在飞行时是利用机载的无线电导航设备与地面导航台保持实时联系的。在高空中，飞机沿着规定的航线飞行，整个飞行过程都要受到地面航空管理人员的指挥。飞行员一边驾驶飞机，一边用飞机上的通信导航设备与地面进行联络。飞机上的导航设备是利用电磁波来测向导航的，它接收到地面导航站不断发射出的电磁波后，就能测出飞机的准确位置。如果发现飞机偏离了航向，自动驾驶仪就会立即自动"纠正"错误，使飞机正常飞行。

如果在飞机上使用手机，不仅在拨打或接听过程中会发射电磁波信号，手机在待机状态下也会不停地试图搜索地面的基站。在它的搜索过程中，虽然每次发射信号的时间很短，但具有很强的连续性。当这些从手机上发出的电磁波遇到飞机上的导航设备时，它会干扰这些设备的正常工作，使得飞机接收到错误的信息，进行错误的操作，进而

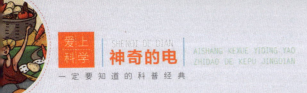

引发险情。所以，在飞机上不能打手机，这纯粹是为飞行安全而考虑的。

移动电话的禁地—加油站

在加油站，最显眼的地方通常都写着"严禁烟火"四个大大的红字，而在红字旁边，通常也有一个"严禁使用手机"的图标。为什么在加油站不能使用手机呢？

在回答这个问题之前，我们还是先来做一个小实验吧：

找一个带盖的铁盒子，先将盖子钻一个直径约1厘米的小孔，然后往铁盒里滴几滴汽油，最后盖好盖子（不要盖得太紧）。接着，我们把铁盒子放在一个铁丝做的架子上，然后用酒精灯在铁盒的底部加热，同时将一根点燃的蜡烛放在盒盖的小孔边。最后我们对铁盒子进行观察。

铁盒子会发生什么呢？答案是：在一两分钟之后，只听"轰"的一声，铁盒内发生了爆炸，同时盒盖朝上冲出。不过，这并没有什么危险。

仅仅几滴汽油，为什么会发生爆炸呢？原来，任何可燃性气体和空气的混合物，遇火都会发生爆炸。汽油受热时会变为汽油蒸气，它和铁盒内的空气组成了混合气体。当这种混合气体达到一定的比例时，遇上了火，就会被点燃而发生猛烈爆炸。

加油站之所以不能使用手机，是因为手机内部是一些电子元器件。当使用手机时，这些电子元器件会产生微弱的放电现象，就像微小的电火花。加油站附近的空气中总是或多或少地混合着汽油气体，当这些混合气体遇到手机中的微小电火花时，如果汽油气体的比例足够高，那么就会引起爆炸，从而造成事故。所以，在加油站附近不能使用手机。

同样的道理，如果家中不幸发生煤气泄漏事件，也不要使用房间里的电话报警。因为在拿起电话话筒的一刹那，电话机内部也会产生电火花。如果房间中煤气浓度过高的话，同样也会引起爆炸。

发射出去的电磁波遇到飞机、舰艇等障碍物
电磁波被反射回来，并重新被天线接收
天线将接收的电磁波送至专门的接收设备进行处理
最后在显示屏幕上显示出障碍物的信息

爱上科学
SHENQI DE DIAN
神奇的电
AISHANG KEXUE YIDING YAO
ZHIDAO DE KEPU JINGDIAN
一定要知道的科普经典

雷达"千里眼"

一架入侵的敌机悄然而至，它试图趁着夜色悄悄攻击被入侵的领土。然而，被入侵领土的防卫部门早就发现了它，在入侵者发起攻击之前，防卫者已经用导弹将敌机击落。

引文中的防卫者是如何发现入侵敌机的呢？要知道那时可是夜晚啊，眼睛根本看不见！答案是雷达。雷达是一种利用电磁波来工作的现代探测设备，它广泛应用于机场、军队等场所，被称为"人类的电磁眼""千里眼"。

别想在它"眼皮底下"溜过

在机场，在哨所，在一些山头，我们时常能看到一个会不停转动的"大铁锅"，这就是雷达了。雷达的"个头儿"挺大，看起来"笨头笨脑"的。不过，真实的雷达可一点都不笨，它比人类还要灵呢！任何一个出现在它视野范围内的入侵者，都逃不过它的眼睛！

我们知道，如果在山谷中大声说话，会产生一种回音，那是因为声波在谷壁上发生了反射；将光线引导到镜子上，镜面也会反射出太阳光；同样的道理，当电磁波在传播途中遇到障碍物时，也能被反射回来。雷

达正是利用电磁波的这个特性来工作的。

具体来说，雷达上有一个特制的可转动半球面形天线（就是我们看到的那个大铁锅），它不仅能发射电磁波，还能够接收电磁波。天线向一定的方向发射不连续的电磁波，每次发射持续的时间为百万分之一秒，两次发射间隔的时间大约是发射时间的 100 倍。这样，当发射出去的电磁波遇到飞机、舰艇等障碍物时，马上就被反射回来，并重新被天线接收。天线将接收的电磁波送至专门的接收设备进行处理，最后在显示屏幕上显示出障碍物的信息。

轻易锁定入侵者

雷达这个人类的"电磁眼"，不仅能发现在它视野范围内的入侵物，而且能确定这个入侵物的位置。

它是怎样做到的呢？

原来，电磁波的传播是有速度的，它的速度等于光速 c，即 30 万千米 / 秒。当电磁波从天线发射出去后，遇到障碍物即刻便被反射回来。测得电磁波一来一回经历的时间 t，即可知道电磁波射向障碍物时所经历的时间，即为 $t/2$。再根据路程 $s = c \cdot (t / 2)$，我们就能知道障碍物距离雷达的距离了。此外，根据反射天线的方向和仰角，我们能够更加精确地确定障碍物的具体位置。

实际上，所有的这些测量和计算都是在雷达内部的专门设备中完成的，最后由雷达显示屏直接显示结果，非常快捷。

雷达的死敌：隐形飞机

有了雷达这个"千里眼"，我们的领空应该是很安全的了吧？可是且慢！一些技术先进的国家发明了一些专门用来躲避雷达的飞机，这就是隐形飞机。

大家都知道海湾战争吧？那是发生在 20 世纪 90 年代初的一场局部战争，在这场战争中，美国派出了 1500 余架次的隐形飞机执行任务，结果却没有一架被击落，整个世界为之震惊。

那么，隐形飞机为什么这么神奇？它靠什么来躲开雷达的探测呢？答案就在隐形飞机的材料和形状。

原来，隐形飞机上涂有一层特殊的材料，这种材料是用铁的氧化物和一些绝缘材料合成的，它能将雷达发射出的电磁波在飞机表面转化成热能，从而将其吸收，不再反射给雷达。这样，雷达得不到反射的电磁波，"眼睛"便失明了。此外，隐形飞机都设计成特殊的形状，它的表面避免使用大而垂直的垂直面，而通常采用凹面，这样便可减弱机身对电磁波的反射。

事实上，隐形飞机的"隐形"只是一个相对的说法。对雷达来说，隐形飞机是隐形的，但对人眼来说，隐形飞机一点也不隐形，只要在一定的高度内，人眼就能清楚地看到它！所以，别以为隐形飞机是无懈可击的哦！

AISHANG KEXUE YIDING YAO
ZHIDAO DE KEPU JINGDIAN

SHENQI DE DIAN
神奇的电

爱上科学

一定要知道的科普经典

强 大的微波

> 奶奶试图把一个装着食物的铝盒放到新买的微波炉里热，妈妈看见了，阻止了她："哦，不，妈妈，不能将铝盒放进微波炉里，这样微波炉加不热食物的。"

　　微波炉是现代社会很时兴的一种炊具，它利用微波来加热食物。微波是一种超短波长的电磁波，其波长介于 1 毫米至 1 米之间。微波的能量比一般的无线电波可大多了，而且很有特点，利用它，科学家们制造出了很多有用的工具。

一秒钟变化几十亿次

　　饭菜凉了，把它拿到微波炉里加热，一两分钟之后它就又变得热气腾腾了；一块还带血的新鲜生牛排，放进微波炉里，没过多久它就变成了一块香喷喷的熟牛排——这，就是微波炉的神奇作用，它让我们的生活变得多么便捷啊！

　　那么，你知道微波炉是如何加热食物的吗？

　　原来，微波炉里有一个电子管，叫磁控管，接通电源，启动炉子后，它就会辐射出频率为 2450 兆赫的微波。这时，在微波炉腔内就会形成一个微波能量场。跟磁场一样，微波能量场也是有正负极性的。由于微波

的频率是 2450 兆赫，所以这个微波场的正负极每秒就会变换 2450 兆次（即 24.5 亿次）。被加热食物里有大量的水分子，水分子也是有极性的，一头是正极，另一头是负极，就像磁铁一样，"同性相斥，异性相吸"。水分子受到微波能量场正负极的影响而做相应的运动：负极跑向能量场的正极，正极跑向能量场的负极。随着能量场方向的不断变化，水分子也会随着场向的变化一会儿向这边运动，一会儿向那边运动。试想一下吧：1 秒钟来回运动几十亿次的水分子，它们相互间的摩擦该产生多少的热量啊——这些巨大的热量足以将食物在几分钟内蒸熟！

突破不了金属

为什么不能用铝盒装食物在微波炉里加热呢？

其实，不仅是铝盒，包括铜、铁、不锈钢等在内的大部分金属盒子都不能盛装食物在微波炉里加热。之所以这样，是因为微波有一个非常重要的特性，那就是它突破不了金属。当遇到铜、铁、铝、不锈钢等金属时，微波会在金属表面发生反射，致使金属盒子里面的食物无法吸取它的能量。而遇到玻璃、陶瓷、塑料等绝缘材料时，情况又完全不同，这时微波会轻易而且几乎无损耗地穿透，使得它的大部分能量被绝缘材料内的食物吸收，从而达到加热这些食物的目的。

所以，在用微波炉加热食物的时候，可千万别拿金属盒子盛装食物哟，一定要用塑料、陶瓷或者玻璃盒子！

靠"空中接力"传播信息

微波的应用可不只在微波炉上，它还被广泛应用在现代通信中，主要用来解决城市、地区以及各部门之间同时传输多路电话或电视节目等大容量信息传输的问题。

目前，在微波通信中采用的是波长 5~20 厘米的电磁波。微波通信具有很多优点，它的传输容量很大，可同时传输上万路的电话或数套电视节目，而所需要的功率却很小。由于微波基本不受昼夜、季节的影响，因而传输的信号比较稳定。此外，微波的方向性很好，所以它的保密性也比一般的无线电短波要好。

微波信号在空中的传播很有意思，它是依靠"接力"来完成传播任务的。由于微波属于直线传播，它遇到阻碍时会或多或少地被反射或阻断，从而造成信号衰减。为了解决这个问题，科学家们想到了一个好办法：让它们在空中进行"接力"，而"接力棒"就是微波中继站。

微波中继站的主要设备包括天线、收发信机、调制器、电源设备、自动控制设备等。为了把电磁波聚集起来送至远方，一般都采用抛物面天线（像我们常见的"大锅"），其聚焦作用可大大增加传送距离。为了使微波传送得更远，天线一般都架得较高。但即使这样，一个40米高的天线也只能保证微波在50千米范围内传播。要实现长距离通信，就要每隔50千米左右设置一个中继站，把前一站送来的信号放大，然后再传送到下一站。这样一站一站地转发，最终才到达目的地。

晶体管：现代电子大厦的基石

拆开的电脑零部件撒得满地都是。刘阳坐在各个零部件中间，捡起这个瞧瞧，拿起那个看看。他实在好奇：为什么爸爸说，一个小小的电脑芯片上集成了几百万个晶体管等元器件？

晶体管是什么？晶体管是一种半导体做的固体电子元件，它的内部含有两个 P-N 结，外部通常为三个引出电极。制造晶体管的材料一般是锗和硅，所以晶体管通常又称为"锗晶"或"硅晶"。晶体管是现代微电子技术的基本器件，没有它，就没有现在的微型计算机等各种电子设备。

晶体管长着"三条腿"

晶体管被人们称为"三条腿的魔术师"，因为它有三个支点，且能够像魔术师一样对电路进行开、关和放大。

就拿我们目前最常用的电脑来说，它的"大脑"——中央处理器，其基本组成部分就是晶体管。与基本的照明开关类似，晶体管也有两种工作状态：通和断。晶体管的通、断实现了电脑内部的信息处理。大致来说，电脑唯一能理解的信息是有别于十进制的二进制信息，而这个二进制信息是通过晶体管的通、断来传达的。晶体管没有机械开关那种做机械运动的部件，但它通过电信号在通和断两种状态之间转换，通过转换向中央处理器传达相应的信息，从而让中央处理器完成相应的工作。

晶体管与中央处理器间的具体工作机理是非常复杂的，我们可以简单理解晶体管就像我们熟悉的水闸，其中闸门相当于晶体管的输入，水出口相当于晶体管的输出。我们通过调整闸门的开和关来实现水流的有和无，即实现晶体管的开关作用；当闸门稍微打开一点，会使水流发生很大的变化，即实现晶体管的放大作用。

通常"隐藏"在集成电路里

晶体管的作用无可替代，它几乎存在于现代所有的电子电器中。然而，拆开现代的电子电器，你往往很难能找到单个的且明显的晶体管，这又是什么道理呢？

原来，晶体管把自己"藏"起来了。"藏"在哪儿呢？"藏"在集成电路里！

现代科学已经证实，在纯净的半导体中掺入微量的杂质，会使半导体的导电性能大大增强。利用半导体的这一特性，再加上特殊的制作工艺，人们制成了晶体二极管和晶体三极管。将晶体二极管或三极管、电阻、电容等电子元器件及相应的连线同时制作在一块面积很小的半导体晶片上，使之成为具有一定功能的电路，这就是集成电路。

晶体管依靠现代先进的微电子技术，将自己的"身形"缩得很小，小到人眼根本看不见。就在这种"隐形"的"生活"中，晶体管发挥着我们难以想象的作用。我们知道，现代是一个信息技术（IT）时代。信息技术的根基是数字技术，数字技术的主体是数字集成电路，而数字集成电路正是由晶体管组成的开关来构成逻辑器件，从而实现复杂的逻辑功能的。

一小块晶片上隐藏着上百万个晶体管

熟练的刺绣工人能将一只小小的蚂蚁图案刺在绣布上；手艺最精细的雕刻家能在米粒上刻出几行字来。这些都是了不起的工艺，可是，跟集成电路比起来，这些都不算什么！

你知道科学家能将多少个晶体管整合在一个集成电路中吗？ 1971年，美国工程师霍夫把2250个晶体管装在一个只有米粒大小的硅片上，制成了世界上第一块大规模集成电路。那时，人们已经惊叹集成电路的世界是那么地令人不可思议！然而10年之后，小小硅片上的晶体管数目已经达到了13万个。现在，在超大规模的集成电路里，一块面积比小拇指的指甲还要小的半导体晶片上可以集成上百万个电子元器件！而且，这还没达到顶峰。据科学家预测，在不久的将来，还有可能在米粒大小的硅片上集成几亿个晶体元件呢！

科学家为什么能够将如此多的电子元器件整合在一个小硅片上呢？答案是他们运用了微电子技术！

微电子技术是现代最先进的技术之一，它的工序很复杂，涉及的领域也很多。但我们可以简单地将它想象成一个出色的"电子城市建筑师"：将一块超大规模的集成电路放在显微镜下观察，它就像一座颇具规模的"电子城市"。那密密麻麻的电子电路，就像一块块街区；那纵横交错的硅铝导线，就像一条条马路——这，就是微电子技术这个"电子城市建筑师"的杰作了。

大规模和超大规模集成电路在航空航天技术、卫星遥测遥控、导弹的发射和拦截以及微电脑工业中都有广泛的应用。然而，它不仅仅是高技术领域的宠儿，如今也渗透人们的日常生活中。在普通的电子手表内，就有由3000多个晶体管集成在一小块硅片上的集成电路。电子石英钟、自动选曲的收录机、录像机、彩色电视机、自动洗衣机中都有集成电路。

AISHANG KEXUE YIDING YAO
ZHIDAO DE KEPU JINGDIAN

SHENQI DE DIAN
神奇的电

爱上科学

一定要知道的科普经典

智能的IC卡

在拥挤的公交车上，乘客们一个挨一个地上车。奇怪的是，他们都不用向售票员买票，只用手中的一张小小卡片在车门处的一台机器上一刷，就可以了。售票员也是难得清闲地站在一旁。

公交乘客手中那张小小的卡片是什么呢？为什么它能代替买票？原来，那是一种公交IC卡，它具有储值的功能，乘客预先在公交IC卡上储存上钱，等上车时，只要用公交卡在公交公司预先设置在车门处的"自动收银员"——刷卡机上一划，公交卡上与车票价格相对应的钱款就被扣除了。

秘密就在芯片上

以前，人们乘坐公交车时，售票员要一个挨一个向乘客售票，如果人多的话，那可真是费时费力。现在可好了，有了公交IC卡，人们再也不用为找零钱、等待等问题而烦恼了。

那么，公交IC卡是怎么做到这一点的呢？

秘密就在公交IC卡的芯片上。公交IC卡其实是一种感应卡，它的内部有两个最主要的构件：存储芯片和感应天线。其中感应天线缠绕在公交 IC 卡的四周边缘，而存储芯片则联结在感应天线上。存储芯片可以说是整个公交 IC 卡的核心，它是一个集成电路，里面存储有各种有用的信息，如卡片余额等，这些信息能被一种叫作"读卡器"的机器识别并处理。

公交 IC 卡内部原本是没有电源的，但是当它接触到刷卡机（是一种读卡器）时，刷卡机会发出一段电磁波。感应天线接收到这段电磁波后，就能生成一个感应电压。在这个感应电压的作用下，存储芯片便开始工作了。存储芯片工作的内容就是将存储在其中的信息同样以电磁波的形式传回刷卡机，供其处理，如计算公交站点、根据公交站点扣除卡上的余额等。

刷卡机在对信息进行处理后，会再次将处理过的信息发回给存储芯片，这样，卡片上的信息在下次就又能够再次调用了。

打电话也可用 IC 卡

IC 卡在公交车中大显身手，可是你知道吗？ IC 卡的应用领域可远远不止公交车，在其他很多领域，我们都能看到 IC 卡的身影。

在街道，在路旁，我们经常能看到一些电话亭，那就是 IC 卡电话亭。IC 卡电话亭是利用 IC 卡来拨打电话的，不过这种 IC 卡跟公交 IC 卡有点不一样——它的芯片是暴露在卡片外边的，而不像公交 IC 卡那样完全封闭在卡片内。

正是这种构造上的不同造成了两种 IC 卡在工作原理上的不同：使用公交 IC 卡时，我们只要在读卡器（刷卡机）面前轻晃一下就行了，甚至都不用跟读卡器接触；而 IC 电话卡却不行，它必须插入读卡器（电话插口）中，靠读卡器内的接口电路来触发芯片，为其提供稳定电源，从而实现拨号、接通、计费、扣款等各种操作。

从以上也可以看出，公交 IC 卡在性能上是要优于 IC 电话卡的，因

AISHANG KEXUE YIDING YAO
ZHIDAO DE KEPU JINGDIAN
SHENQI DE DIAN
神奇的电
一定要知道的科普经典
爱上科学

为 IC 电话卡暴露在外边的芯片很容易被污染破坏，同时，多次插拔卡片也容易造成卡片和读卡机的损坏，而"一晃而过"的公交 IC 卡显然就没有这些问题。

卡一刷，门就开了

城市的上班族大都配有一个门禁卡。利用这个门禁卡，他们能轻松地进入办公室，同时记录下考勤。假如有一天，有人忘了带门禁卡，那他只能等待别人开门；而假如他是一人个去单位值夜班的，那么很不幸，他只能回家去取门禁卡了。

门禁卡也是一种 IC 卡，它的工作原理与公交 IC 卡很相似：安装在门口的读卡器以固定频率向外发出电磁波，当门禁卡进入读卡器电磁波辐射范围的时候，卡片内的感应线圈（天线）会生成电流，同时触发存储芯片向读卡器发射一个信号，这个信号带有持卡人的相关信息（姓名、职务等）；读卡器在接收到信号后，会对该信号进行一系列的处理（包括核实、配对等），最后将信号送到控制大门的门禁服务器，由门禁服务器来决定大门是开还是不开——如果卡片上的信息与门禁服务器数据库内的信息配对得上，如数据库内确实有持卡人的名字，那么门就开了；否则，门将始终紧紧关闭。

城市的上班族大都配有一个门禁卡

无所不在的电动机

爸爸给沈青买了一个玩具电动车，第二天沈青就将电动车拆了。爸爸很奇怪，问他为什么这样做，沈青回答说："你不是说玩具车里面有电动机吗？我想想看看电动机是什么样的。"

电动机无所不在！环顾一下你的屋子，你所能看到的所有会进行机械运动的机械(如会转动的风扇、会翻滚的洗衣机等)，几乎都含有电动机。电动机，顾名思义，就是在电流的作用下会运动的机械，这个运动可以是直线式的移动，也可以是圆周式的转动。电动机按所通电流的不同，可分为直流电动机和交流电动机两种。

转动，源于磁场力

电动机有千百张"面孔"：圆形的、方形的，微小的、巨大的，不一而足。但是，不管电动机的外形有多么的不同，其基本结构是一致的——都由转子和定子两大部分组成。

下面，就让我们以最简单的电动机模型为例来认识电动机的"内心世界"吧：

电动机是由两块磁铁（S、N）、一个线圈、两个电刷（A、B）、两

电路闭合时，线圈中会通过电流。通电导体在磁场中会受到磁场力的作用，线圈会沿顺时针方向进行转动。

当线圈转动到垂直方向时，此时线圈左右两端受到的磁场力相互抵消，且电路断开。

个换向器（E、F）、以及电源（U）和导线组成的。其中两块磁铁和两个电刷固定不动，属于定子；而线圈和两个换向器则是会转动的，它们属于转子。电刷是两个金属片，它们与材质是半圆形铜环的两个换向器接触，使电源和线圈组成闭合通路。换向器的作用是及时改变线圈中的电流方向，使得其在磁场中的受力方向总是相同，从而保证线圈在通电的情况下不停地转动下去。

具体来说：当电路闭合时，线圈中会通过电流；由于通电导体在磁场中会受到磁场力的作用，这个磁场力迫使线圈靠近磁场S极的一端向上，靠近N极的一端向下，所以线圈会沿顺时针方向进行转动；当线圈转动到垂直方向时，此时线圈左右两端受到的磁场力相互抵消，且电路断开（因为此时两个换向器正好转动到上下位置，换向器之间的缝隙使得两个电刷无法与换向器接触，从而也就使得电路无法构成通路）。

按照一般理论分析，当线圈处在垂直位置时，因没有受到力的作用，它会在这个位置上静止下来。但是，由于任何物体都是具有惯性的，所以在这个惯性的作用下，线圈实际上并没有马上静止，而是又越过了垂直位置继续沿顺时针方向向下转动。一越过垂直位置，电刷与换向器就又重新接触，于是电路再次构成通路，线圈中再次有电流流过，且方向正好与之前相反（之前靠近S极的线圈一端，其电流方向是由外流向里的，如今则由里流向外；靠近N极的线圈一端，情形类似）。在磁场力的作用下，线圈再次沿顺时针方向向下转动。如此周而复始，直到彻底断开电源，线圈中再没有电流流过为止。在这个过程中，线圈始终是沿着一个方向转动的。

玩具电动机

电动机的模型是相对简化的，真正的电动机，其内部构造要复杂一些。不过，再怎么复杂，其基本原理也是一样的。下面，就让我们来见识一下电动机的实物吧。

以玩具电动机为例：从外形上看，玩具电动机是一个圆柱体，它的直径与一枚硬币差不多。电动机的外壳是一个钢壳体，它的前端伸出一根用以转动的轴，尾端则被一个尼龙端盖封闭；从尼龙端盖上引出两条导线，它们是用来连接电池的。当将两根导线连接在电池上时，电动机的内部线圈就会有电流流过，根据上面说的原理，线圈会带动轴转动，从而实现"电动"的目的。

电动机的轴直接或间接连着外部用以做机械运动的构件，如玩具汽车的车轮、风扇的扇叶等。当轴转动时，这些车轮、扇叶跟着也就转动了。

电动机无所不在

电动机真的是无所不在的，如果你有兴趣，来尝试一下下面这个有趣的调查吧：从厨房开始，在你的家里"转"一圈；"转"的同时，记下所有你能发现的含有电动机的物体的名称，最后你会发现这是一个一长串的大名单——

厨房：抽油烟机上的排污风扇、微波炉里的转盘、冰箱里的内部风扇和压缩机、烤箱上的时钟，甚至搅拌机、开罐机，等等。

杂物间：洗衣机、干燥机、电动螺丝刀、吸尘器、电锯、电钻，等等。

浴室：排气风扇、电动牙刷、吹风机、电动刮胡刀。

卧室或客厅：空调、电子时钟、CD播放器、录音机、电脑、鱼缸水泵。

此外，如果你家有汽车，汽车上也包含有许多的电动机：挡风玻璃上的雨刷、加热器和散热器的风扇、启动马达，等等。还有，如果你是一个玩具爱好者，那么你的大多数运动玩具都至少包含有一个电动机……

美味佳肴的保鲜室—冰箱

> 小林夫妇每个周末都要去超市买一大堆食物，什么肉啊、蔬菜啊、水果啊，等等，买回后就将它们塞进电冰箱里。按他们的话说，这就是他们一周的粮食了，在这一周时间里，他们不用每天下班后再去菜市场买菜了。

电冰箱真是一个好东西，它极大地改善了人们的生活。以前，人们老担心食物，尤其是新鲜食物不能久放，一久放就变质变坏，自从有了电冰箱，这种担心一下子全没有了。因为电冰箱能够依靠自身的制冷系统将食物冷冻冷藏，从而保证了它们的质地不受损坏。

制冷，源于物态变化

电冰箱能够制冷，这是人所共知的事情了，可是你知道它究竟是如何制冷的吗？

电冰箱能够制冷的秘密就在于它有一个高效的制冷系统，这个制冷系统主要是由压缩机、冷凝器和蒸发器三部分组成的，其中压缩机是一个电动机。制冷系统在工作的过程中缺不了一种神奇物质的参与，这种神奇物质就是氟利昂，它能够在很低的温度下由液态蒸发成气态，同时吸收周围的热量——电冰箱正是利用这种物态变化过程中的热量传递来

SHENQI DE DIAN
AISHANG KEXUE YIDING YAO
ZHIDAO DE KEPU JINGDIAN
神奇的电
爱上科学
一定要知道的科普经典

实现制冷的。

那么，具体过程又是怎样的呢？让我们打开冰箱，来看看冰箱的内部构造吧：

冰箱的外壳一般由铝合金材料制成，它的四壁是厚厚的，其中后壁尤其厚，大约有10厘米宽；而前、左、右三壁则相对较薄。冰箱制冷的奥秘就在那厚实的后壁，它的底部有一台压缩机，它把气态的氟利昂压缩成高温高压的蒸气，向上输入至位于冰箱外部的冷凝器；冷凝器会将氟利昂由气态冷凝成液态，同时经干燥滤器过滤后传输至顶部的蒸发器；在蒸发器中，低温液态的氟利昂会迅速吸收箱体内的热量，从而实现气化——正是在这个过程中，箱体内食物的热量被大量吸收，从而使得自身的温度下降。

气化后的氟利昂会再次向下回流到压缩机中，以供下一次制冷过程使用。这样循环往复，冰箱里的温度就始终能保持在较低的水平了。

别把冰箱当空调使

炎炎夏季，火热的太阳烤得大地都要干了，人待在屋子里也不好受。有人想，电冰箱里面的温度不是很低吗，不如把电冰箱的门打开，让里面的冷气流出来，这样，电冰箱不就相当于另一台空调了吗？

其实，这是想当然了。电冰箱虽然能制冷，但绝不能当空调使用，因为它根本不能降低房间里的温度。

我们知道，电冰箱是利用氟利昂来制冷的。氟利昂装在电冰箱的后壁里，它只能吸收小范围亦即冰箱内的温度。如果打开冰箱门，在短时间内，在靠近电冰箱的地方确实会感到一阵凉意，但时间长了，由于屋里的温度较冰箱内要高，因此冰箱内的温度也会慢慢升高，这使得冰箱的制冷效率大大降低。冰箱的制冷效率降低了，这就使得原本能量就远远不如热气的冷气在热气面前更加显得微不足道。冰箱外的强大热气不

断地冲击冰箱周边的微弱冷气，最终使得冰箱不但不能将外边的温度降下，反而还因自身温度过高而慢慢化冻了。

空着比装满还费电

小林夫妇家的冰箱每到周末都是塞得满满的，很少有空的时候。为此，收入并不是太高的他们还曾有过心疼：老是装满食物，那电冰箱该费多少电啊！

通常，人们以为电冰箱在空着的时候应该比塞满的时候要省电。可真实情况真是这样的吗？

答案是否定的。

我们还是先来看一个小测验吧：假设有一台耗电量是 0.58 千瓦时/24 小时（也就是每天耗电 0.58 度，这样的耗电量标示一般每台冰箱上都会有）的低耗能电冰箱，它储存空间大约是 200 升；将蔬菜、水果、肉类等各种食物装进冰箱内，大约装满冰箱存储空间的 80%，然后用一种专门用来测量用电器耗电量的插座接上冰箱的插头，连通电源；15 分钟后，计量插座显示冰箱的耗电量为 0.012 千瓦时（亦即 0.012 度）。随后，将冰箱清空，用同样的方法测量 15 分钟，结果，计量插座显示冰箱的耗电量为 0.017 千瓦时（亦即 0.017 度）！

这真是奇怪了，怎么空着的冰箱反而比几乎装满的冰箱还要耗电呢！

其实一点也不奇怪。这主要是因为冰箱空着的时候，需要制冷的空余空间更大。如果冰箱处在较满的状态下，里面储存的食物本身就会帮冰箱"保冷"，冰箱里更不容易变热；此外，每次开冰箱时，热空气会进入冰箱，而冷空气会跑掉。冰箱越满，进入的热空气就越少，所需冷却热空气的能量就会越少，进而使这个能量产生的电能消耗就越小。

千万别把冰箱斜着放

我们在搬家时，最让人头痛的家电恐怕就是那立着的电冰箱了。因为电冰箱可是一种比较"娇贵"的东西，它不能横着放也不能斜着放，更不能倒着放，只能几个人手把手，立着移出门去，否则电冰箱就可能会出故障，甚至折损寿命。

不能横着放和倒着放，这好理解，可为什么连斜着放也不行呢？

原来，这跟冰箱底部的压缩机是有关。冰箱的压缩机大多是悬吊式的。如果卸开冰箱底部遮盖压缩机的外壳，我们可以看到压缩机被几根弹簧悬吊在中央，这就是悬吊式了，它是为减震而采取的一种举措。如果倾斜着放电冰箱，几根弹簧就会受力不匀，这样压缩机会强烈振动，甚至弹簧脱钩，使冰箱无法正常运行。另外，压缩机的底部以及电动机的罩壳内有一些润滑油。如果搬运时将电冰箱倒着抬或过度倾斜，润滑油会流入压缩机和电动机上方的制冷系统，使得制冷系统内氟利昂的通道受到阻碍，从而影响制冷系统的正常工作。

通常，我们在搬电冰箱时，一定不能让冰箱的倾斜角大于45°，否则就有可能影响冰箱的正常工作。

"防暑专家"—空调

胖大爷家的空调坏了，在那几个最炎热的下午，他们一家老小只能靠电风扇来驱暑——可连那电风扇吹出的风也是热的！胖大爷叫苦不迭：唉，这空调坏得可真不是时候啊！

空调，作为驱暑降温的利器，如今几乎成为家家必备的一种家用电器了。和电冰箱类似，空调也是利用制冷压缩机来达到制冷目的的。不过，与冰箱只能制冷不一样，空调除了能制冷外，还能制热。

用氟利昂制造冷气

空调和电冰箱就像一对孪生兄弟，它们的"身体"具有相似的构造，而且这些构造的工作原理也基本相同：

空调分为室内机和室外机两部分，两部分都拥有一个换热器。空调启动后，空调器内部的压缩机将常温常压的氟利昂气体压缩成高温高压的蒸气，然后送到室外机的换热器（此时为冷凝器）；同时，空调器主机有一个风扇在不断吸入室外的空气，并使之迅速流过冷凝器。室外的空气带走了氟利昂放出的热量，从而使高压氟利昂蒸气凝结为高压液体。高压液体经过过滤器、节流机构后喷入室内机的换热器（此时为蒸发器），并在相应的低压下蒸发，吸取周围的热量。同时空调器内的另一个风扇使得空气不断进入蒸发器的肋片间进行热交换，并将放热后变冷的空气送向室内。如此室内空气不断循环流动，最终我们感受到的就是那一阵阵的凉风。

为了使冷风能向各个方向流动，通常在空调的出风口处设置一种摇风装置。摇风装置是一种栅格，它能够自动左右摆动。当栅格摆动时，冷风的方向也随之改变，这样，人在不同的方向就能感受到凉风了。

既能冷又能热

空调的本事比冰箱要大一点，因为它不但能制冷，而且能制热。空调制热的过程与制冷正好相反——制冷时，空调将室内的热量移至室外；而制热时，则将室外的热量移到室内。

具体来说，空调制热时，气体氟利昂被压缩机加压，成为高温高压气体，进入室内机的换热器（此时为冷凝器），冷凝液化放热，成为液体，同时将室内空气加热，从而达到提高室内温度的目的。液体氟利昂经节流装置减压，进入室外机的换热器（此时为蒸发器），蒸发气化吸热，成为气体，同时吸取室外空气的热量（室外空气变得更冷）。成为气体的氟利昂再次进入压缩机开始下一个循环。

请保持空调房的湿润

在炎热的夏天，如果没有空调，人们会感到酷热难耐。但是，如果长时间待在有空调的房间里，那也对健康不利。最主要是因为，空调会使室内空气变得干燥，人在这个干燥的环境中身体会感到不适。

研究表明，人体对空气的干湿度有一个适应区，相对湿度在70%左右最为舒适，过干、过湿都会引起不适，甚至引发疾病。

那么，为什么空调会使房间的空气变得干燥呢？原来，当空调制冷时，

SHENQI DE DIAN
神奇的电
爱上科学
一定要知道的科普经典
AISHANG KEXUE YIDING YAO
ZHIDAO DE KEPU JINGDIAN

室内空气反复经过蒸发器表面的低温区，在那里成为过饱和状态，从而不断有部分水汽液化并排出空调机外。由于室内温度比蒸发器表面温度高，在蒸发器表面附近达到饱和的空气再回到室内时，其相对湿度就大为降低了。液化水不断排出，室内空气相对湿度也越来越低。

在有空调的房间里，我们可以采用加湿器来保持空气湿润。加湿器将水雾化为 1~5 微米的超微粒子和负氧离子，通过风动装置，将水雾扩散到空气中，使空气湿润并伴生丰富的负氧离子，从而起到均匀加湿、清新空气的作用。当然，为了保持身体健康，人们不应当使有空调的房间长时间密闭，而应当经常通风。

AISHANG KEXUE YIDING YAO
ZHIDAO DE KEPU JINGDIAN

SHENQI DE DIAN
神奇的电
一定要知道的科普经典

爱上科学

生活的好帮手——电饭锅

妈妈在厨房里忙着，一边忙还一边对坐在客厅里的爸爸唠叨："这电饭锅怎么回事，怎么这两天煮出的米饭老是熟不透！"爸爸思索了一会儿，回答说："可能是磁性限温器坏了。"

电饭锅，作为一种最常用的煮饭工具，现在几乎家家户户都有。电饭锅不仅能煮饭，还能对煮熟的米饭进行保温。电饭锅的煮饭和保温功能分别利用了电流的两个效应：一个是电流的热效应，一个是电流的磁效应。

电热将米粒烧熟

一只小小的电饭锅，装上适量的米饭和水，插上电源，按下开关，十几二十分钟之后米饭就熟了，真是方便！那么，你知道电饭锅是如何将米饭煮熟的吗？

其实很简单，只要你见过电饭锅的内部结构，你就大致明白电饭锅加热米饭的原理了。电饭锅的构造相对简单，主要由锅盖、外壳、内胆、指示灯、发热板、管状电热元件和控温装置（限温器、保温开关等）组成。在这些构造中，发热板和管状电热元件是米饭能被加热的关键所在。

我们知道，电流具有热效应，也就是当电流通过一段导体（这段导

119

体有电阻）时，导体会发热。电饭锅中的发热板正是利用电流的这一热效应来对米饭进行加热的。发热板是一个铝合金圆盘，它的内部嵌有管状电热元件。当电饭锅接通电源时，管状电热元件就会发热，从而带动发热板发热。发热板的上部放置着盛米饭的电饭锅内胆，当发热板上的热量传递到内胆时，内胆里的米饭就被加热了。

别担心，米饭不会煮糊

有了电饭锅，我们一点也不用为米饭会被煮糊而担心，因为在米饭煮熟后，电饭锅会自动切断电源，使得发热板停止对电饭锅内胆进行加热。

电饭锅是如何做到这一点的呢？也许有人认为，电饭锅里有一个时间控制器，时间到了，电饭锅的开关就自动关上了。其实不是的。

电饭锅之所以能自动切断电源，是因为它里面有一个磁性限温器。磁性限温器也叫磁钢，它的主要构件是一个永久磁环、一根杠杆和一个弹簧，位置在发热板的中央。煮饭时，按下煮饭开关，永久磁环在磁力的作用下带动杠杆使得电源触点保持接通。在煮米饭的过程中，锅底的温度不断升高，永久磁环的吸力随温度的升高而减弱。当内锅里的水被蒸发掉，锅底的温度达到103±2℃时，磁环的吸力小于其上的弹簧的弹力，限温器被弹簧顶下，带动杠杆离开电源触点，电源被切断。

当磁性限温器受到损坏时，锅里的米饭就会出现问题——要么是夹生饭，要么是完全的生米饭。因为磁性限温器的正常跳断温度是103±2℃，当锅里的米饭温度未达到正常值就跳断时，米饭自然不能被煮熟。这也是引文中妈妈抱怨米饭老不能煮熟的原因所在。

米饭总是热喷喷的

有了电饭锅，我们同样不用为吃上凉米饭而担心，因为电饭锅里有一个保温开关，它能让米饭在煮熟以后，始终保持在一个适宜的温度。

保温开关也叫恒温器，它的主要构件是一个双金属片。双金属片是一种特殊的金属材料，它有一个特点，那就是能随着温度的变化而改变自身的形状：当温度升高时，双金属片会向上弯曲，使其与电路保持断开，此时恒温器不工作；当温度下降时，双金属片又逐渐恢复原状，使其与电路保持接通，此时恒温器工作。

煮饭时，锅内温度升高，双金属片向上弯曲，恒温器不工作。但当米饭煮熟后，随着时间的推移，米饭的温度会逐渐下降，双金属片也会逐渐恢复原状。当温度低于设定的保温温度时（不同的电饭锅，保温温度不同，一般在70℃左右），双金属片就与电路接通了。此时，尽管限温器已经断开，但恒温器开始工作，它能让米饭的温度始终保持在一个适宜的范围内。

别用电饭锅来烧水

有时候，人们图方便，往往用电饭锅来烧开水或煮粥。其实，这样做是不科学的。我们知道，当我们将锅里的水烧开的时候，水会因沸腾而蒸发，由液态转变为气态。物体由液态转变为气态时，要吸收一定的能量，叫作"潜热"。这时候，温度一直停留在使水保持沸腾的那个点上，这个温度点叫"沸点"。直到水被煮干后，锅里的温度才会再次上升。

同样的道理，当我们用电饭锅来烧开水或煮粥时，因为水的沸点是100℃，所以在水被煮干之前，电饭锅的温度最高也只能达到100℃，而达不到使磁性限温器跳断的103±2℃。这时，磁性限温器不跳断，锅内的电路始终接通。如果此时，电饭锅内的水因不停沸腾而溢出来，渗入发热板，有可能造成电路短路或漏电；即使不造成电路短路和漏电，电饭锅内的各个部件也会因水的溢出而受潮，长久以往，受潮的电器零件就会生锈、腐蚀。所以，电饭锅不宜用来煮粥或烧水。

认识白炽灯

夜幕降临了，家家户户都开起了灯。看，那如日光般柔和的荧光灯，多么温柔；那如彩虹般绚烂的七彩灯，多么亮丽；当然，还有那泛黄的白炽灯，它的光芒也别有一番魅力！

白炽灯是人类最早使用的现代照明工具，它已经有 100 多年的历史了。白炽灯依靠灯丝发光。当电流通过灯丝时，螺旋状的灯丝会不断聚集热量，使得灯丝的温度达到 2000℃以上。灯丝在处于 2000℃以上的白炽状态时，就能像烧红了的铁能发光一样发出光芒来了。

"真金不怕火炼"吗

白炽灯发光的关键就在那灯丝。你知道白炽灯的灯丝是用什么材料做的吗？

答案是金属钨丝。因为金属钨的熔点很高，在 3000 多度时也不熔化。我们知道，当电流通过灯泡灯丝时，电流的热效应可使灯丝温度升高到 2500℃以上。在这个温度时，90%以上的金属都要熔化成液体了，只有钨能够泰然自若，不仅不被溶化，而且能保持一定的强度。

有人说：用金来做灯丝也可以，因为"真金不怕火炼"呀！真是这样吗？

不是的！先不说金的价格昂贵，用它来做灯泡灯丝成本太高，就说金的熔点。金的熔点只有 1064℃，在超过 1064℃时，金就熔化了。所以，金显然是不能用作灯泡灯丝的。其实，所谓"真金不怕火炼"是指金的化学性质稳定，即使烧至熔化，它仍是黄闪闪的金子而不氧化变质。

将断了的灯丝搭在一起，灯泡更亮

有时候，白炽灯不亮了，取下来检查灯泡，发现是灯丝断了。如果此时我们摇动灯泡，小心地将灯丝搭在一起，灯泡会重新亮起来，而且比未断前更亮。这是什么道理呢？

原来，在电学中，导体的电阻跟它的长度是成正比的，也就是说导体越长，它的电阻越大；越短，它的电阻越小。而电阻跟电流又是成反比的，也就是在电压一定的前提下，电阻越大，电流越小；电阻越小，电流越大。当将烧断后的灯丝重新搭在一起的时候，这相当于缩短了灯丝的长度；灯丝变短了，它的电阻相应也变小了，而通过电灯的电压是一定的（一般是 220 伏特的家庭电压），这样，通过灯丝的电流增大。根据电学中的另一个规律：电流越大，用电器消耗的功率越大，所以灯泡实际消耗的功率增大。实际功率增大了，灯泡看起来也就比原来更亮了。

但是，将灯丝重新搭起来的白炽灯是用不长久的。因为灯丝的耐热能力具有一定的限度，灯丝断后再搭起来，由于电功率变大，单位时间内放出的热量会迅速增加，当热量超过一定值时，灯丝很容易再次烧断。另外，搭接处的断丝不能牢固地熔接在一起，稍有振动，灯丝容易再次脱落。

白炽灯为何多是梨形的？

随便拿起一个白炽灯，我们会发现它的形状大多是梨形的。为什么白炽灯是梨形的呢？难道是因为设计者喜欢吃梨吗？

当然不是的！将白炽灯设计成梨形，那可是有科学道理的。

在物理学上，一些固态的物体在高温下能直接转化为气体，这种物态变化叫作升华。白炽灯上的钨丝也是一种固态物体，当给灯泡通电后，钨丝会迅速发热，温度能高达2500℃以上。在这样的高温下，钨丝会升华。升华形成的钨丝气体微粒从灯丝表面跑出来，附着在灯泡内壁上。时间一长，灯泡就会变黑，从而降低亮度，影响了照明。

科学家根据气体具有自下而上对流的特点，在白炽灯泡内充上少量的惰性气体，并把灯泡做成梨形。这样，灯泡内的惰性气体对流时，钨丝升华形成的黑色微粒大部分被气体卷到上方，附着在灯泡的颈部。这样，玻璃便可保持透明，灯泡的亮度就不受影响了。

最好不要频繁开闭白炽灯

如果你家里装有白炽灯，你最好不要频繁开闭，因为这样做会折损白炽灯的寿命。

一般来说，国产白炽灯的平均使用寿命大约为1000小时，并不是很长。白炽灯之所以不能长时期使用，是因为在工作时灯内的钨丝会升华。升华的结果是钨丝变得越来越细，当细到一定程度时，就容易烧断。

而钨丝的升华是跟温度有关的，温度越高，升华得越厉害。当白炽灯在闭合开关一段时间后，达到稳定的工作状态，此时钨丝的电阻因温度升高而变得很大（能达几百欧姆），通过钨丝的电流较小，整个灯泡消耗的功率也较小。但是，在白炽灯达到稳定工作状态之前，也就是在开关闭合后的较短时间，由于钨丝温度较低，所以其电阻也相对较小（一般只有几十欧姆），此时流过钨丝的电流非常大，灯泡消耗的功率也非常大。换句话说，在开关闭合的瞬间，钨丝是在强电流、大功率下工作的，在这样的情况下，钨丝的温度会上升得非常迅速，因而钨丝的升华也要比正常工作时要快些。所以，为了延长白炽灯的使用寿命，我们最好减少白炽电灯的开闭次数，不要对它进行频繁开闭。

高效的荧光灯

客厅里正播放着电视连续剧，大人们都被精彩的剧情所吸引，而刘东却不为所动，他的注意力始终在墙壁上的那根荧光灯上——为什么荧光灯发出的光与白炽灯不一样呢？他思索着。

其实，荧光灯之所以发出与白炽灯不一样的白光，是因为荧光灯内有一种叫作"荧光粉"的物质，正是这种荧光粉使得荧光灯发出白光。荧光灯与白炽灯一样，都是现代家庭最常用的照明工具，不过，跟白炽灯比起来，荧光灯可要省电和高效得多了。

荧光灯就是比白炽灯亮

一盏工作功率同样是 30 瓦的荧火灯和白炽灯，当它们接在同一个电压下时，我们会发现，荧光灯往往要比白炽灯亮很多。这是为什么呢？

原来，荧光灯和白炽灯的发光原理是不同的。白炽灯用久了会很烫，因为它是靠电流通过灯丝产生的热效应来发光的。这个发光过程很低效，据科学家测算，只有 7% ~8% 的电能转化成了可见光，90% 以上的电能都转化成了热，白白浪费掉。

而荧光灯则不同了。从前面我们已经了解到，荧光灯不是靠电流的

SHENQI DE DIAN
神奇的电
一定要知道的科普经典
AISHANG KEXUE YIDING YAO
ZHIDAO DE KEPU JINGDIAN
爱上科学

热效应来发光的，它利用荧光粉把灯管内由电子撞击产生的紫外线转变成可见光。这种发光方式使得荧光灯在发光过程中，只产生很少的热量，发出的是一种冷光。也就是说，在能量的转换过程中，加在荧光灯上的电能大部分都转化成了光能，而不像白炽灯那样只转化了7%~8%。

所以，荧光灯的发光效率要远高于白炽灯，而这个效率体现在感观上，就是荧光灯发出的光要远亮于白炽灯。科学测算表明，在使用同等的电量时，荧光灯的亮度是白炽灯的4~5倍！

闪烁的白色光影

你是一个观察生活细心的人吗？如果是的话，你一定能够注意到这样一个现象：当家里的荧光灯在亮了一段时间后将其开关断开，荧光灯的两端（有时也在中间）会呈现出"白色"的光影，并且这光影会不停地闪烁，直到完全消失为止。

开关已经断开了，怎么荧光灯还会闪烁呢？

秘密就在那灯管内的电子。我们知道，荧光灯是靠镇流器产生的高压来激发灯丝处的电子的。当荧光灯在开关断开的瞬间，由于灯管两端的灯丝温度仍然较高，所以还会发射出电子。这些电子能将管内的汞蒸气电离，同时使管内壁靠近灯管两端的荧光粉发光。所以，在荧光灯断电后，我们仍然能在荧光灯的两端看见白色的光影。

当荧光灯在工作很长时间之后，再将其开关断开，此时灯管灯丝的温度更高，能发射出更多的电子使汞蒸气电离，同时使荧光粉发光。由于此时发射的电子能到达灯管中间，所以这时我们往往能在灯管的中间处看见白色的光影。

至于白色光影会不停地闪烁，那是因为开关断开后，灯丝发射出的电子处于不稳定的状态。电子不稳定，汞蒸气的电离也不稳定，紫外线的发射也不稳定，最终的结果就是荧光粉的发光也不稳定。

夜幕下的城市霓虹灯

夜幕降临了，城市的街道上又亮起了五光十色的霓虹灯。来自农村的小海又一次趴在舅舅家的窗户上，望着窗外那美丽的街景。他心里一定又在想：要是我们农村也有这么美丽的霓虹灯就好了！

霓虹灯，作为一种现代照明工具，在城市早已经是遍地开花；即便在农村，有不少地方也能见到它的身影。霓虹灯与白炽灯完全不同，它不是靠加热金属丝来发光的，而是利用气体导电来发光。所以从这一点上看，霓虹灯与荧光灯有点类似。

气体也会放电

要是有人问你：空气导不导电？你一定会嘲笑这个问题的幼稚，因为显而易见，空气是不导电的。要是空气导电，那我们每天不是要有很多人被从电厂或其他电器漏出的电电死了吗！

是的，在一般情况下，气体（包括空气）是不导电的，但是在特殊情况下，气体也会导电，而且导电性能非常良好。霓虹灯正是利用气体导电的原理制造出来的。

具体来说，在霓虹灯密闭的玻璃管内，充有氖、氦、氩等稀有气

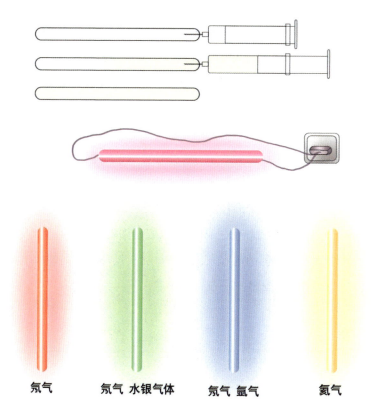

氖气　　　　氖气 水银气体　　　　氖气 氩气　　　　氦气

体。这些稀有气体是由单个原子构成的分子组成的，在正常状态下，它
们较稳定，每一个分子（原子）都呈中性，亦即不带电。但是，由于霓
虹灯两端装有正负两个电极，当在两个电极上加上强电压时，会有大量
的电子被激发；这些被激发出来的电子，在电场力作用下高速运动，当
碰到气体分子时，会使气体分子发生电离而成为带正电的离子和带负电
的电子。这时，气体就成为导电体了。

　　导电的气体在霓虹灯内形成电流，同时散发出彩色的辉光（又称虹
光）。辉光的颜色是由灯内的气体和灯管颜色决定的，如在淡黄色的灯
管内装上氖气，灯管就会发出金黄色的光来；在无色透明的灯管内装上
氖气，灯管就会发出黄白色的光来。

霓虹灯总是一闪一闪的

霓虹灯就像一个出色的城市美容师，它将城市打扮得分外妖娆。看，那一个又一个色彩斑斓的夜间灯箱广告，一闪一闪的，好像在向人们表演着魔术。

其实，霓虹灯之所以会一闪一闪的，是因为它的两极上装有电容器。从前面我们已经知道，电容器是一种储存电荷的电子元器件，它具有充电和放电的功能。当将电容器接在霓虹灯的正负两极上时，由于电容器会充电和放电（通过一定的控制电路），所以霓虹灯也会时灭时亮——充电时灭，放电时亮。这一灭一亮，在人眼看来就是一闪一闪的了。

一般来说，电容器的电容大，霓虹灯亮灭循环的时间长；电容器电容小，则亮灭的时间较短。

人造小太阳

霓虹灯是气体放电家族中的出名成员，不过，气体放电家族可不只它一个出名，像氙气灯的"名头"就一点也不比它小。

氙气灯又叫氙灯，人称"人造小太阳"，它也是利用气体放电来实现发光的。氙气灯中充有稀有气体氙气，当它的两极接通电源后，在高压作用下，灯管里会形成火花放电，同时伴随大量的电子和离子的产生，这些大量产生的电子和离子最终会在两极间形成超强的白色电弧光。

氙气灯体积并不大，亮度却大得惊人。一个2万瓦的氙灯的大小与一只40瓦荧光灯差不多，而亮度却顶得上1000只这样的荧光灯。如果把它安装在广场、码头、体育场和高大建筑物的顶端，它那强烈、均匀而接近日光的光线，能把一个很大的区域照得如同白昼一般。所以，难怪人们称它为"人造小太阳"呢！

导电的气体在霓虹灯内形成电流同时散发出彩色的辉光

辉光的颜色是由灯内的气体和灯管颜色决定的

爱上科学

SHENQI DE DIAN
神奇的电
一定要知道的科普经典

AISHANG KEXUE YIDING YAO
ZHIDAO DE KEPU JINGDIAN

有人来电话啦！

> "叮铃铃"房间里响起了电话声。幽默的男主人摘起电话就是一句贫嘴："您好，主人不在家，请"还没等他贫完，电话那头已经传来女主人的咆哮声："赶紧出来接我，我忘带钱包了。"

电话，作为一种通信联络工具，在人们的日常生活中是如此的重要，人们每天都要用电话来进行各种交流。电话通信的原理其实很简单，就是通过声—电、电—声的转换来实现语音信号的传递。两个用户要进行通信，最简单的形式就是将两部电话机用一对线路连接起来。

从声信号到电信号

两部电话机相隔万里，可是，只要拨通相应的电话号码，在电话机一端说出的话语就能够传递到万里之外的另一端电话，真的很神奇！电话机是如何做到这一点的呢？

其实，说穿了一点也不稀奇。我们知道，物体之所以发出声音，是因为震动。例如人之所以会出声，是因为人喉咙里的声带发生了震动。任何物体，只要震动，就会发出声音；而且，两个不同的物体，只要它们的震动频率相同，那么发出的声音就会相同。

AISHANG KEXUE YIDING YAO
ZHIDAO DE KEPU JINGDIAN

SHENQI DE DIAN
神奇的电
爱上科学

一 定 要 知 道 的 科 普 经 典

电话机正是利用这个原理来传递声音的。具体来说，在电话机中有两个话筒，一个在上边，一个在下边，上边的那个用来听的话筒叫受话器（也叫扬声器），下边那个用来说的叫送话器（也叫麦克风）。送话器是一个装着碳粒的小盒子。小盒子的后面有一个固定电极，前面有个振动膜（称为振动电极）。当你对着送话器讲话时，声带的振动激励空气振动，形成声波。声波作用于送话器上，使振动膜随声音的大小做幅度不等的振动，进而使碳粒变得时而压紧，时而放松。碳粒的变化又会使得流过两个电极之间的电流（叫话音电流）也跟着变化，具体来说是碳粒压紧时，电阻减小，电流变大，碳粒放松时，电阻增大，电流减小。就这样，声音的大小变化便被转换成适合在电路上进行传输的电信号的强弱变化了。

当电信号沿着线路传送到另一台电话机的受话器内时，由于受话器的主体是一个绕有线圈的永久磁铁，所以对方传来的话音电流在通过线圈时会产生一个磁场。磁场力会吸引磁铁前面的薄铁片产生振动，而且这个振动的频率正好与人说话时空气震动的频率相同，所以发话人说出的声音就被很好地还原出来了。

完成通话可并不简单

要完成一个完整的电话通信，可不是光有送话器和受话器就行的，中间还必须有其他的部件参与进来。这些部件有压簧开关、拨号盘、振铃，以及位于电话局的交换机等。

在我们打电话时，第一个动作便是"摘机"（把话筒从电话机上拿下来）。这时，电话机上承载话筒的压簧开关就会弹起来，使电话机与交换机之间的电路接通。如果这时交换机的机线有空，便会向电话机送去一个连续的"拨号音"，它告诉你："我已经在待命，请拨号！"

电话机的拨号盘有旋转式的和按键式的。用它们拨号时，实际上是

向在电话局里的交换机发出一个电信号："赶紧把两台电话机接通吧，主叫用户要发话了。"

如果被叫用户电话空闲，交换机便向它送出一个振铃电流，使其振铃响起。这是在告诉被叫用户："有人来电话了！"与此同时，主叫用户将听到一个"回铃音"。如果被叫用户电话没空，交换机便给主叫用户送出一个"嘟、嘟、嘟……"的声音，意思是："对不起，对方暂时无法接通，请稍候再拨。"

电话要用电吗

电话电话，顾名思义，应该是一种用电的器具。可是为什么停电了还可以使用电话呢？而且，为什么我们感觉不到电话有电呢？

其实，电话当然是有电的，只不过这种电跟家庭电路中的电不一样。它的电路自成系统，完全独立于家庭电路之外，所以当家庭电路出现断电等故障时，它仍然可以正常使用。但是当电话线路出现故障时，如电话线断裂，那电话就不能使用了。

另外，我们之所以感觉不到电话有电，是因为电话线路中的电大多数情况下是低电压的微电。通常情况下，人们将电压是 36 伏特以下的电称为微电，微电对人体是没害的，人体也很难感觉到。而家庭电路中的电压是 220 伏特，它是强电，对人体有较大危害。

不同的电话在不同的时间内，其电压值是不同的。以普通电话机为例，在通话时，它的电压大概在 10 伏特以内；挂机时是 50 伏特上下；振铃响起时能高达 90 伏特。不过，尽管在挂机和振铃响起时，电话机中的电压能超过 36 伏特的安全电压，但这些电压对人体仍然是无害的。跟 220 伏特的家庭电压比起来，它仍然显得微不足道。

🔍 当心通话被窃听

用绝缘材料包裹的电话线，架在空中，在它里面传输着一对友人的通话，旁人想来是无法听到它的"窃窃私语"吧？可是，有人做过实验，假如在采用一根线路接地的单程电话线路附近，平行设置一条导线，并接上一部灵敏度极高的无线电接收机，那么，电话线路里面的通话就能被完整地窃听了。这是什么原因呢？

原来，电和磁是一对孪生兄弟。当载有话音的电流通过导线时，在导线周围会产生一个变化的磁场。这个变化的磁场犹如向河水投石引起水波一样，以导线为中心，一圈套一圈地向外扩展，成为一个电磁波的辐射源。当它传播到平行设置的导线时，就会在导线上产生感应电流。你可别看这样微小的电流变化，只要在线路附近放置一部灵敏度极高的无线电接收机，它就能破译隐藏在其中的话音的信号，进而透露通话者的秘密。

电 流在身体内流动

"电是自然界普遍存在的物质，它无处不在"课堂上，老师一板一眼地讲着，而讲台下的常林却听得走了神：快点放学吧，我还要玩爸爸给我买的那些小磁针呢。

如果有人告诉你，你的身体内也有电流在流动，你是否会很惊讶？其实，生命的过程就是电荷传递的过程。在生命体内，电流无时不在，无处不在，只不过由于这些电流太过微弱了，所以人一直感觉不到。生物体内这种普遍存在的电流就叫作生物电。

生物电源于细胞的生命活动

先让我们看看下面的这些事实吧：人体心脏在跳动时会产生 1~2 毫伏的电压，眼睛开闭时能产生 5~6 毫伏的电压，读书或思考问题时大脑产生的电压是 0.2~1 毫伏……

怎么样，是不是很神奇？人体的每一种生命活动——心脏跳动、大脑思维、刺激反应等，都与生物电有关！那么，这些生物电是怎么来的呢？

原来，我们人体是由许许多多细胞构成的，每一个细胞又是由细胞膜、细胞核和细胞质组成的。细胞膜的结构很复杂，它一方面把细胞与外界

细胞在不受外界刺激的状态下，其细胞膜外部整体带正电，内部整体带负电。

环境分开,同时膜上又存在一些孔道,允许细胞与周围环境交换某些物质。科学研究表明,在细胞的内、外存在多种带电的离子,如细胞膜内主要是带正电的钾离子和一些大的带负电的离子团,细胞膜外则主要是带正电的钠离子和带负电的氯离子。正是因为细胞膜内外存在电荷,所以细胞膜内外会存在电位(也叫电势,衡量电荷所含能量的一个物理量)。

实验测算结果表明,细胞在不受外界刺激的状态下,其细胞膜外部整体带正电,内部整体带负电。也就是说,就细胞内部来说,此时电位是负的,这种电位称为"静息电位"。

但是,细胞是不可能不受外界刺激的,由于生命活动,它时刻经受着外界环境的刺激。当细胞受外界刺激时,能迅速作出反应,这在神经细胞、肌肉细胞中尤为明显。细胞的这种反应,科学家们称为"兴奋性",它具体表现为:当外界刺激强度达到一定阈值时,细胞膜对离子的通透性会突然发生变化,也就是说,原来一些进不去细胞内的离子可能突然渗入细胞,而一些原本出不去细胞的离子也可能突然渗出细胞。离子(电荷)的这个变化导致了细胞内外电位的变化,细胞内的电位可以从负电位突然变为正电位。这种变化的电位就叫作"动作电位"。

电位的变化必然伴随电流的产生,所以生命体无时不产生电流,无处不产生电流。

生物电是微弱且杂乱的

常林勉强振作精神听老师讲完人体内的生物电。他想:既然人体内有生物电流,那么它会产生磁场吗?何不拿小磁针实验一下呢?

说做就做。放学回到家后,常林立刻找来一个小磁针,把它放在水平桌面上,等磁针静止后,自己从稍远处慢慢靠近小磁针,并注意磁针的变化。结果,经过细心观察,他并没有发现小磁针在动。于是常林得出一个结论:人体内的生物电流与普通电流不同,它不能产生磁场。

真是这样吗?

大错特错了!电流的周围一定存在着磁场,这是电流的磁效应,在自然界是普遍适用的!那么,为什么生物电流的磁场不能使小磁针发生转动呢?

这有两个方面的原因:一是人体的生物电流太小了,它产生的磁效应非常微弱,根本不能在小磁针上体现出来。二是人体中的生物电流方向是不确定的,也就是说电流方向并不是朝一个方向的,这样,其产生的磁场方向也就不同,相反的磁场可以互相抵消,所以,就显示不出磁场了。这与生活用电的交流电对外显示不出磁场的原理是一样的。

SHENQI DE DIAN
爱上科学
神奇的电
一定要知道的科普经典
AISHANG KEXUE YIDING YAO
ZHIDAO DE KEPU JINGDIAN

生物电与现代医学

在医院的急诊室里，医生们正紧张地抢救着一名重症的患者。然而，尽管尽了最大的努力，最终还是没能成功。看着患者已经由曲线变成直线的心电图，医生们摇了摇头。

　　心电图、脑电图、肌电图 …… 现代医学拥有了更多诊断人体疾病的手段，而这些手段的运用无不与人体生物电有关。心电图是心电描记器对心脏运动的图像描绘，而脑电图则是脑电描记器对大脑运动的图像描绘，它们都利用了生物电的原理。

心电图是对心脏活动的描记

　　相信从一些电影、电视剧中，你已经了解到：当一个人的心电图呈现出直线时，那意味着这个人的心脏已经停止跳动，他已经离开人世了。

　　那么，你知道心电图的形成原理吗？

　　其实，心电描记器跟日常生活常见的一些测电仪器相似，都是输入电流，然后用波形将电流的特征描绘出来。只不过日常测电仪器的电来自发电厂，而心电描记器的电则来自人体心脏（心电）。从前面我们已经知道，人体器官是由许多细胞构成的，而细胞内外存在不同的电位，要么细胞内电位为负、细胞外电位为正，要么细胞外电位为负、细胞内

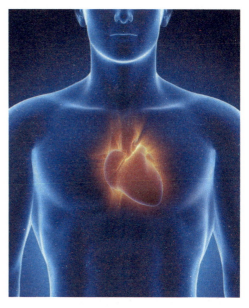

电位为正。这些电位的变化，反映的正是细胞生命运动的变化，如心跳的加快或减缓、肌肉的舒张或收缩等。而这些电位变化产生的结果就是电流——只要存在不同的电位，就必然形成电流。

作为人体最重要的器官之一，心脏的周围组织和体液都能导电，因此可以将人体看成一个具有长、宽、厚三维空间的容积导体。心脏好比电源，无数心肌细胞动作电位变化的总和可以传导并反映到体表。当在体表的一定部位放置一些金属电板的时候，心电便可导出来了。再将导出的心电传输到与测电仪器类似的设备中，最终，波状的心电图就显示出来了。

做脑电图要通电吗

为了诊断病人大脑的疾病，医生们常给病人做脑电图。做脑电图时，是不是要给脑子通电呢？

其实不用。因为大脑也和心脏一样，能不停地发出电来，因此医生们只要在病人头皮上安放脑电描记器，就能显示出因脑生物电活动改变而形成的脑电图。只不过，由于脑电压太过微弱，大概只有1微伏左右，很难测出，所以，做脑电图时，医生们总是先用脑电机把病人的脑电压放大100万倍以上，这样差不多有1伏左右，跟一节干电池的电压接近；然后再把放大的脑电压描绘在记录纸上，从而得到最后的脑电波形图。

根据这个脑电波形图，医生就能判断病人的大脑是否有疾病了，如脑内是否长肿瘤、病人是否有可能发生癫痫等。

神奇的心脏起搏器

如果有一天，有人跟你说：我的身体内安装着一台机器。你也别太惊讶，因为那是心脏起搏器。心脏起搏器在不久的将来，有可能会像假肢一样广泛存在于人体中，所以，它没什么值得大惊小怪的。

那么，心脏起搏器是干什么用的呢？它是用来维持心脏正常跳动的。

科学研究表明，心肌是可兴奋组织，心脏有节律的跳动（收缩和舒张）正是心肌兴奋的结果。在心肌细胞中，有一类细胞在未受到外界刺激下，也能够自动产生周期性的动作电位。这种细胞称为起搏细胞，这种自动起搏的特性称为心脏的自律性。

当心脏兴奋的自律性受到破坏，或心肌细胞传导兴奋的功能出现故障时，将影响心脏的起搏，从而导致泵血功能失调，最终有可能危及人体生命。心脏起搏器，就是利用一定大小的脉冲电流来刺激心脏，使心脏按一定的频率收缩和舒张，达到人工起搏的目的。

科学小常识

电疗

当人体发生某些病变时，可以采用外加电压的形式对人体本来的生物电进行干预，这就是电疗。比如：用电疗兴奋神经肌肉组织。当外加电源的电流渗透神经、肌肉组织后，细胞膜产生离子转移，膜电位和膜通透性变化，形成动作电位发生兴奋，这种兴奋通过神经肌肉接头传到肌肉而引起肌肉收缩反应。电疗还具有疏通经络、镇静、镇痛、促进血液循环等作用。

离不开电与磁的动物们

地上玩耍的孩童看见天上一群鸽子飞过，嚷着要去追它们，却被妈妈制止了。妈妈告诉他：鸽子飞得再远也能自己飞回来，可你要是跑远了，那就再也找不到回家的路了！

大自然中，有那么一些有趣的动物，它们要么对电特别敏感，要么对磁特别敏感，简直是闪烁着电磁火花的生命体。这些生命体依靠电磁而活，离开了电磁，生活将无所适从，甚至连生存都变得困难。

鸽子依靠地磁导航

一只信鸽，即使你把它带到千里之外的陌生地方，它也能自己回到原来生活的地方。这就是信鸽的归巢本领。

那么，为什么信鸽具有这么出色的归巢本领呢？

科学家曾做过试验：在信鸽的头顶和脖子上绕上几匝线圈，然后以小电池供电，使信鸽的头部产生一个均匀的外加磁场。当电流按顺时针方向流动时，在阴天放飞的信鸽变得就像无头苍蝇一样，朝着四面八方乱飞。于是，科学家得出结论：信鸽是靠地磁导航的，因为外加磁场破坏了信鸽能感知的地磁场，所以信鸽变得失去了方向感。

爱上科学

SHENQI DE DIAN
神奇的电
一定要知道的科普经典

AISHANG KEXUE YIDING YAO
ZHIDAO DE KEPU JINGDIAN

那么，信鸽又是如何靠地磁导航呢？

原来，信鸽其实是一个半导体，它在地球磁场中振翅飞行时，翅膀做切割磁力线运动，因而在两翅之间产生感应电压。鸽子按不同方向飞行，因而切割磁力线的方向不同，所产生的感应电压的大小和方向也不同，根据这个感应电压的变化，信鸽就能自动辨别方向。

不过，地磁并不是信鸽唯一的导航罗盘，因为试验已经表明：在晴天放飞信鸽时，外加磁场并不影响它的飞行。信鸽的导航罗盘中可能还包括太阳等其他一些因素。

鲑鱼总能找到"老家"

在北美洲，生活着这么一种奇特的鱼类，它叫作鲑鱼。鲑鱼妈妈将卵产于从阿拉斯加到加利福尼亚的小溪中。在小鲑鱼孵出后，成群的小鱼沿着小河游向太平洋。它们以 1~5 年的时间发育成长，并在北太平洋以逆时针的方向围绕一个巨大的椭圆形环游。之后，它们一群群离开大椭圆形，开始踏上万水千山的"回家"之旅。神奇的是，它们最终都能准确无误地回到它们数年前出生的地方！

鲑鱼为什么能在数年后仍能准确地回到出生地呢？

原来，这里面又有地磁场的功劳。鲑鱼的导航系统比较复杂，既有地磁场，又有太阳，还有自己的嗅觉。鲑鱼利用自己的嗅觉记忆产卵地的气味，洄游时再引导自己回归。鲑鱼还能根据太阳在天空中的位置来判断自己所处的位置，由此决定向哪个方向游。不过，这两种方法都有缺点，因为出生地的气味到河流下游容易被冲淡，而在经常阴天或多雨的太平洋西北部太阳并非总是看得见。所以，这样一来，地磁的导航作用就显得更加重要了。

鲑鱼利用地磁场来导航的原理目前还不确定，不过，科学家相信，它的体内存在着一种磁微粒——磁化铁。正是依靠这种磁化铁，鲑鱼与

爱上科学

SHENQI DE DIAN
神奇的电
一 定 要 知 道 的 科 普 经 典
AISHANG KEXUE YIDING YAO
ZHIDAO DE KEPU JINGDIAN

地磁场相互作用，在地磁力的引导下从千里之遥的北太平洋回到北美的出生地。

不用网也能捕到鱼

　　以前，渔民们出海捕鱼，都得带上一张张的大网。手起网落，一群鱼儿不分大小全都成了他们的俘虏。现在，一些有条件的渔民出海打渔时已经可以不用带网了；而且，还可以有选择地捕鱼——只捕大的鱼，对小的还没有长大的鱼自动放生，既节省了材料，又实现了可持续捕鱼！

　　他们是如何做到这一点的呢？答案是使用了光·电·泵无网捕鱼法。所谓光·电·泵无网捕鱼法，就是经过光的作用，把鱼召集起来；通过电的作用，使鱼群进一步密集；再通过泵的作用，将鱼输送上船。

　　那么，电为何又能捕鱼呢？原来，鱼儿对电极为敏感。当用无网捕鱼器具在水中生成一个电场的时候，只要将电场加强到一定程度，鱼儿就会出现趋阳现象，即鱼儿都向阳极游去。当电场强度小于趋阳电场时，

SHENQI DE DIAN
神奇的电
AISHANG KEXUE YIDING YAO
ZHIDAO DE KEPU JINGDIAN
一定要知道的科普经典
爱上科学

鱼在弱电流的刺激下，就会出现惊慌、震颤、不定向乱窜等现象，这叫鱼的感电效应。如果电场强度高于趋阳电场，鱼就失去自控能力而处于假死状态。但是，停电后几分钟即可恢复常态，这叫鱼的麻痹效应。

大部分鱼类要当鱼体电压达到2~3伏时，才会出现趋阳效应。所谓鱼体电压，是指鱼在电场中从嘴到尾所受到的电压。因此，在相同的电场强度下，鱼越长，鱼体电压越高。根据这一原理，在捕鱼时，只要加上适当的电场强度，就能达到捕大鱼、留小鱼的目的了。

在实际捕鱼时，由于电场并不均匀，离电极越远，电场强度就越小，所以在电极的周围，实际上是从里向外形成三个区：麻痹区、趋阳区和电感区。位于电感区的鱼，由于在水中乱窜，有的就会进趋阳区；而趋阳区的鱼不会离开，只会向阳极游去；一旦冲进麻痹区，鱼儿就失去了自控能力，成为"待宰的羔羊"了。在麻痹区中心——电极上装上一个鱼泵吸嘴，依靠这个吸嘴，鱼儿最终被捕捞上来。

灵敏的电感器官

科学研究表明，鱼类具有非常灵敏的电感器官。比如说鲨鱼。有人曾做过一个有趣的实验：将比目鱼埋在水中的沙土中，然后将一头鲨鱼引来。由于比目鱼中有微弱的电场，所以鲨鱼很快便准确地发现了它；若用可通电的琼脂盒将比目鱼罩起来，鲨鱼照样可向其进攻；可是当在琼脂盒上覆一层绝缘的塑料薄膜时，鲨鱼就再也找不到比目鱼了。